土地利用特征刻画及其对水体富营养化的影响

许尔琪　著

科 学 出 版 社

北　京

内 容 简 介

全书通过定量刻画土地利用系列特征，研究其对水体富营养化的影响，以密云水库上游流域为研究区，综合应用遥感、地信、地统计学、理化分析等方法，以生态水文过程为线索，挖掘土地利用强度、所处坡度、距离河道及水质监测断面距离以及相互邻接关系等空间信息，揭示土地利用各组分信息与水体中污染物浓度的定量关系，阐明土地利用信息刻画及其管理对水体富营养化控制的作用和意义。

本书可供土地利用、水体污染、生态水文、自然地理和遥感地信等专业方向的科研和教学人员参考，亦可作为科研院所和高等院校相关专业的教学参考书籍。

图书在版编目（CIP）数据

土地利用特征刻画及其对水体富营养化的影响／许尔琪著. —北京：科学出版社，2017.1

ISBN 978-7-03-051210-9

Ⅰ.①土… Ⅱ.①许… Ⅲ.①土地利用-影响-水体-富营养化-研究 Ⅳ.①X52

中国版本图书馆 CIP 数据核字（2016）第 321871 号

责任编辑：李 敏 杨逢渤／责任校对：邹慧卿

责任印制：张 伟／封面设计：无极书装

科 学 出 版 社 出版

北京东黄城根北街 16 号

邮政编码：100717

http://www.sciencep.com

北京京华虎彩印刷有限公司 印刷

科学出版社发行 各地新华书店经销

*

2017 年 1 月第 一 版 开本：720×1000 B5

2018 年 1 月第二次印刷 印张：9 3/4

字数：300 000

定价：80.00 元

（如有印装质量问题，我社负责调换）

前　言

日益严重的水质污染严重威胁人类的健康与生存，水体富营养化是其中的一大治理难题。由于其污染的随机性和广泛性，亟须从区域尺度进行宏观规划和设计以控制水质污染。土地利用作为人类活动的综合表征，影响着一系列的生态水文过程，因而与水体中污染物浓度密切相关。能否正确认识土地利用对水体富营养化的影响，如何定量刻画两者的关系，成为流域土地利用综合管理的关键。通过厘定土地利用对水体中污染物的影响，才能有效进行土地利用管理，控制水体富营养化，提高水体质量。

人类通过对与土地有关的自然资源利用，改变地球陆地表面的覆被状况，影响着水体污染物的产汇流过程和生物化学过程。尽管国内外学者已对两者的关系开展了大量的研究工作，且取得了较多的成果，但取得的结论不尽相同，且存在一定的不确定性。主要难点在于对土地利用空间信息刻画相对不足，以往研究较多关注的是土地利用数量结构，造成单纯采用土地利用比例的研究对水质污染的解释程度不尽相同，从而影响了对两者关系的理解，更导致对水质污染的管理和控制存在偏差。因此，全面刻画土地利用特征，有助于提高对土地利用和水体富营养化关系的理解。

针对上述存在的问题和难点，在中国科学院、中国工程院和科技部有关项目的资助下，本书以密云水库上游流域为研究区，以空间信息作为切入点，以水体污染物的产生、迁移、转化等的生态水文过程为线索，通过野外定位监测采样分析、社会经济数据调查和遥感数据反演，深入挖掘和刻画影响水体营养物的土地利用强度、所处坡度、距离河道及水质监测断面距离以及相互邻接关系等空间信息，系统进行土地利用对水体富营养化影响的研究，揭示土地利用各组分信息与水体中污染物浓度的关系。旨在通过定量化关系，辅助指导密云水库上游流域土地利用的数量、强度和空间分布等管理和调整，为有效控制和管理密云水库上游流域水体富营养化提供科学依据。

在内容方面，本书共7章。第1章为绪论，综合国内外有关文献，介绍本书的研究背景、研究意义和国内外研究现状，指出土地利用与水体富营养化关系研究的主要思路；第2章介绍主要的数据来源和方法，包括多数据源获取手段，空间分析技术和多元统计等方法；第3章基于野外定位监测采样和室内分析，应用统计方法分析密云水库上游流域地表径流营养物浓度的时空变异特征；第4章基于水质分析结果、遥感影像制图和乡镇统计数据，介绍土地利用强度的量化和空间化的表达方法，探讨土地利用数量比例和强度空间差异对水体中营养物输出的影响；第5章主要介绍土地利用空间分布信息的提取和量化方法，探讨土地利用空间信息对营养物浓度的影响；第6章基于土地利用各组分信息，模拟地表径流营养物浓度，探讨水体富营养化管理和调控的主要措施；第7章是结论与展望。

中国科学院地理科学与资源研究所石玉林院士和张红旗研究员对本书的写作给予细致而悉心的指导和建议，在此表示崇高的敬意和衷心的感谢。

希望本书的出版为土地利用多组分特征刻画提供理论指导和案例研究，也希望能够为地理学、景观生态学和环境科学等学科的交叉发展提供参考，进一步丰富土地利用特征和水体富营养化研究的理论和方法。关于土地系统的研究十分庞杂，限于作者的水平和时间，书中难免有不足之处，敬请读者批评赐教。

目　　录

第1章　绪　　论

1.1　土地利用与水体富营养化关系研究背景

国际全球环境变化人类行为计划和国际地圈-生物圈计划的共同执行计划——土地利用/土地覆盖变化（land use and land cover change，LUCC）（Lambin et al.，1999）及后续计划——全球土地计划（global land project，GLP）（Ojima et al.，2005）的实施，极大地促进了土地科学相关研究的发展。LUCC是人类活动和自然要素共同作用的结果，联合国粮食及农业组织（Food and Agriculture Organization of the United Nations，FAO）、联合国环境规划署亚太地区环境评价计划（UNEP/EAP-AP）、联合国政府间气候变化专门委员会（IPCC）等都确立了与“LUCC科学研究计划”相应的研究项目，成为全球变化研究的热点领域（Turner，1991，1994）。LUCC研究的基本目的是深入理解LUCC在区域尺度上的相互作用及其规律，对全球的土地变化进行观测、监测和预测，揭示LUCC变化过程中各要素的相互作用机理，阐明LUCC对人类社会经济及环境所产生的影响，从而指导人类的土地利用活动。

所谓土地利用，即是人类对土地自然属性的利用方式和状况（傅伯杰，2013），人类通过对与土地有关的自然资源的利用活动，改变地球陆地表面的覆被状况（李秀彬，1996）以满足需求，获得物质产品和服务（Vitousek et al.，1997）。土地利用特征，包括土地利用类型的不同，土地利用空间格局的异质性以及土地利用管理因子和强度的区别主要3个方面的内容。上述土地利用各组分都与相应的生态过程密切相关，其变化对大气、土壤、水和生物多样性等一系列要素产生影响。全面刻画土地利用各组分的特征，才能揭示LUCC的环境效应。

日益严重的水质污染蚕食着大量可供消费的水资源，严重威胁人类的生存与健康。2012年第六届世界“水论坛”指出，当今全世界仍有20亿人不能喝到干净的饮用水，每年都有上百万人因为喝了脏水而患病死亡。根据2014年中国水资源公报，全国Ⅳ类、Ⅴ类和劣Ⅴ类水河长分别占10.8%，4.7%和11.7%；Ⅳ～Ⅴ类湖泊57个，劣Ⅴ类湖泊25个，分别占评价湖泊总数的47.1%和20.7%。可见，不论是全球还是中国范围内，水质污染问题都不容乐观。

由于自然环境的改变和不合理的人类活动导致的水体富营养化，是当今世界水污染治理的难题（Carpenter et al.，1998；Smol，2008）。尤其是随着工业点源污染控制水平的提高，点源污染已基本得到有效控制，而非点源污染则成为当今包括河流、湖泊、水库等水体富营养化的主体（USEPA，2009）。相对于点源污染，非点源污染具有随机性、广泛性、滞后性和模糊性的特征（贺缠生等，1998），使得水体富营养的调控和管理更具挑战性，亟须从区域尺度对流域水质污染进行宏观规划和设计。

流域陆地表面的营养物随径流汇入水体，进而引起水体富营养化，受到降雨、地表径流、下垫面特征和人类活动等因素的综合影响（Oelsner et al.，2007）。土地利用作为人类活动的综合表征，与水质污染的产汇流过程（Pike et al.，2008；Tu，2009）和生物化学过程（Tu，2009；Park et al.，2010）密切相关。不合理的土地利用方式及管理措施和土地覆被类型的变化，会改变营养物在土壤、生物、水等圈层中的运移和传输途径，增加营养元素流失量，导致水质污染加剧（Almasri et al.，2007；Polyakov et al.，2007）。定量刻画两者的关系，厘定土地利用对水质污染的影响，才能有效控制水质污染。

由于土地利用与水体营养物关系密切（Gburek et al.，1999；Tong et

al.，2002；Baker，2003），上述两者关系的研究国内外已有较多成果。从流域的尺度，主要采用经验模型和机理模型，以流域土地利用类型、结构及变化为模型基本参数，结合流域地形、土壤、水文气象数据、河流情况与参数数据及流域管理措施数据等，定量研究不同尺度流域的营养物负荷量及其比重，同时探讨土地利用结构及变化对流域营养物的影响。两类模型各有优缺点，经验模型方法简单实用性强，但容易忽略重要的生态水文过程；机理模型过程充分考虑了影响水质污染的各个因素，但数据量要求大，参数过多又带来更多的不确定性。因此，学者希望采用一个折中的办法，即以较小的数据量，重点刻画影响水体营养物污染的重要因素，解释其迁移转化过程（Leone et al.，2008），从而有效管理和控制水体富营养化。从土地利用的角度出发，刻画土地利用与污染物的产生、迁移和转化过程的关系，正是解决上述矛盾的一个切入点。

由于土地利用自身的异质性，土地利用和水质污染之间的关系更为复杂。土地利用的差异，主要体现为土地利用类型分类的不同（张景华等，2011）、土地利用类型结构比例的差异性（Jones et al.，2001；Johnson et al.，2003）、空间格局的异质性（White et al.，1985；Reynolds et al.，1999）、管理方式和强度的区别（王国杰和廖善刚，2006）。文献表明，过去数十年国内外学者较多关注的是土地利用类型结构比例，即主要着眼于分析流域土地利用数量结构、变化特征与水质数据的相关关系以及土地利用对水质污染的贡献程度；而针对土地利用空间信息的刻画相对不足。研究结果表明，土地利用不仅在数量、结构上对水体营养物存在影响，其空间结构及尺度效应等方面也与水体营养物的产生及迁移转化的整个机理过程密切相关，对空间信息刻画的不足影响造成了以往单纯采用土地利用比例的研究对水体营养物的解释程度不尽相同（Detenbeck et al.，1993；Johnson et al.，1997；Mander et al.，2000；Ahearn et al.，2005；Brett et al.，2005；Broussard et al.，2009），影响了对土地利用与水质两者关系的理解（King et al.，2005），更导致对水质污染的管理和控制存在偏差，亟须全面而深入刻画土地利用特征，以深入探讨土地利用对水体富营养化的影响。

1.2 基于模型模拟的水质污染研究

近30年来，应用模型进行水质污染的定量化研究得到国内外学界的关注，通过模型对水质污染进行模拟，识别其空间迁移和分布，是相关研究的核心内容，主要可分为机理性模型和经验性模型。

经验性模型以输出系数模型为代表，因其避开了污染发生的复杂过程，所需参数少，又具有一定的精度和广泛的适用性，得到快速发展。自Reckhow等（1980）首次较完整地以不同土地利用类型输出系数为基础建立了多元线性回归关系的水体营养物输出系数模型以来，更多学者针对输出系数模型的核心——输出系数开展了多方位的研究。Frink（1991）详细汇总了以往美国所有研究获得的不同土地利用方式下TN（总氮）、TP（总磷）输出系数的范围、平均值/中值；McGuckin等（1999）计算了北爱尔兰2个主要河流不同土地利用方式下的磷输出系数；Zobrist Reichert（2006）估计了瑞士24年间不同土地利用类别下可溶性活性磷、硝酸盐、总氮、氯化物、钾等的输出系数。

在此期间，不少学者还对输出系数模型进行了修正和扩展。Johnes（1996）在模型中加入了牲畜、人口等因素的影响；Worrall和Burt（1999）针对污染物的水文过程进一步考虑了土地利用变化对污染物输出系数的滞后效应；Endreny和Wood（2003）则认为径流速率存在着空间分布模式，主要受径流过程中负荷大小和过滤作用的影响，建立了基于GIS（地理信息技术系统）的贡献消散区-输出系数模型；Khadam和Kaluarachchi（2006）提出了侵蚀级（erosion-scaled）的输出系数模型，引进了沉积排放这个参数来代替水文的变化性。

另外，机理性模型也得到了迅速开发和发展，其远比经验模型复杂，大多依据水文学原理，以水体污染物的发生、迁移转化和影响的具体过程为框架，通常包括产流、汇流、污染物转化和水质等子模型，涉及参数较多，具有不同的数学基础和模型算法，有许多学者对一系列模型进行了介绍和比较（郑一和王学军，2002；马蔚纯等，2003），具体来讲，机理性模型的发展从20世纪70年代初的提出到现在大致经历了三个阶段。

第一阶段，20世纪80年代之前，这一阶段在污染源调查、污染源特性分析、环境因子对水质的影响分析等方面取得了大量的成果。例如，用于城市水质模拟的暴雨径流模型STORM（Center，1977）、暴雨径流管理模型SWMM（Rossman，2010），美国农业部开发的农业污染控制最佳管理模型CREAMS（Knisel，1980）、美国国家环境保护署Hydrocomp公司共同开发的物理分布型综合模型HSPF（Bicknell et al.，1996）。

第二阶段，从20世纪80年代初至90年代初，主要集中在把已有的模型用于水质污染管理，开发含有经济评价和优化内容的水质污染管理模型上。提出的有代表性的模型有：连续模拟土壤和营养物质从农耕地上流失的ANSWERS模型（Beasley et al.，1980），综合模拟水文、侵蚀、沉积和化学传输等过程的子流域农耕地非点源污染（AGNPS）模型（Young et al.，1989），在CREAMS模型的基础上发展的加入模拟不同管理措施对地下水中农药负荷的影响（GLEAMS）模型（Leonard et al.，1987），预报侵蚀产沙和农业面源污染相结合的EPIC模型（Williams，1989），GLEAMS模型延伸和扩展的ADAPT模型（Chung et al.，1992），美国农业部开发的适用于较大流域尺度的面源污染负荷计算SWAT模型（Arnold et al.，1993）。

第三阶段，从20世纪90年代初至今，主要是对现有模型的进一步校正、完善和应用，借鉴GIS对传统模型进行改造，与专家系统或各种人工智能工具相结合，如SWAT模型（Lenhart et al.，2002；Di Luzio and Arnold，2004；Gassman et al.，2007；Lee and Heaney，2010），AGNPS模型及其扩展的AnnAGNPS模型（Grunwald and Norton，2000；Haregeweyn and Yohannes, 2003; Polyakov et al. , 2007; Pease et al. , 2010)。而且，这一阶段开发的非点源模型系统平台，为水质污染的研究和控制提供了有利工具，水质污染模型呈现出向集成系统发展的趋势。例如，模拟土地系统的水文循环过程，可以模拟水量、水质和泥沙输运的 MIKE-SHE 系统(Xevi et al. , 1997)，集合了环境数据、分析工具和各种模拟模型开发水环境保护的方法，包括流域负荷和传输模型（HSPF，SWAT)、污染物负荷模型（PLOAD)、稳态水质模型（QUAL2E）的 BASINS 模型（Lahlou et al. , 1998; Whittemore, 1998)。

机理模型对输入数据和参数校正有严格的要求，现实中往往无法满足，而统计模型又相对简单，因此，现实要求中迫切需要建立权衡两者利弊的模型进行相应的研究（Krysanova et al. , 1998; Leone et al. , 2008; Wang et al. , 2011)，基于土地利用选择与水质污染密切相关的因素进行定量探讨和计算更为科学而又经济有效（Moltz et al. , 2011)。这主要由于土地利用是两类模型的基础部分：输出系数模型是以土地利用输出系数为基础建立的经验模型，而机理模型则偏重水质污染物产生至最终污染全过程的刻画，尽管对土地利用数据要求相对简单，如 SWAT 或者 AGNPS 等机理模型运转所需的土地利用数据只是土地利用类型、结构及其变化即可，但这一数据却是模型运转的基础性数据，一些学者的研究指出土地利用方式对模型运转结果有显著性影响，Romanowicz 等（2005）研究指出 SWAT 模型对土地利用这一基础性的输入数据非常敏感；Tong 和 Chen (2002）采用 BASINS 模型研究表明土地利用的差异与水体水质差异存在重要的联系。同时，考虑土地利用单元与受纳水体的距离，将与水质污染迁移转化密切相关因素的空间信息融入模型，能够有效提高模型的预测能力（宁吉才等，2012)。

因此，综合两类模型的优缺点，提取水质污染产生、迁移及转化的关系因素，综合考虑土地利用异质性的各个组分，才能准确刻画土地利用与水质污染关系，获得合理的水质污染模拟结果，识别水质污染源，为土地利用的开发、管理提供合理的建议。

1.3 土地利用对水质污染的影响研究

1.3.1 土地利用类型对水质污染的影响

从20世纪60年代以来，发达国家由控制点源污染转向非点源污染的研究与治理，70年代国外学者开始关注人类土地利用活动对水库、湖泊、河流等水体水质的影响。早期的研究主要通过实地取样定性考察土地利用类型污染物输出的差异，如Uttormark等（1974）通过对不同土地利用类型的单位面积年均污染物浓度的比较，指出城市用地流出径流的污染物浓度最大，而林地最小；Haith（1976）研究了土地利用类型对纽约河流水质的影响，并建立了两者之间简单的经验统计模型；Omernik和McDowell（1979）收集了遍布美国的928个流域的水体营养物污染的情况，研究了不同流域土地利用类型的水流营养水平特点。这一阶段的研究大多通过对典型样区实地监测而获取数据，探讨土地利用类型与水质污染之间的简单关系。早期的大量研究对不同的土地利用类型对水质污染的影响有了基本的定性判断。一般认为，建设用地导致地表不透水表面（impervious surfaces）的增加，从而改变径流过程，引起水质污染（White and Greer，2006；Hong et al.，2009），并且，城市化导致径流增加，引起水体包括需氧量、悬浮物和营养物质及病原菌和藻类等的增加，造成水质污染（Paul and Meyer，2001）；而农地利用输出的污染物是水质污染的重要组成部分，农用地与水质污染有显著相关关系（Hooda et al.，2000；Fisher et al.，2006；Motavalli et al.，2008；Smol，2008），如水体中的硝酸盐（Jordan et al.，1997）、除草剂（Frey，2001）的浓度与农用地密切相关；至于林地则认为能够截留和过滤水体中的污染物和浓度（Postel and Thompson，

2005)，有效改善水体质量。

随着地理信息系统和遥感技术的发展，相关学者趋向于以不同尺度流域为基本单元，定量研究流域土地利用结构、变化特征和水质数据的相关关系，以及土地利用对水质污染的贡献程度。Detenbeck 等（1993）结合航测影像和 GIS 研究了美国明尼阿波利斯–圣保罗郊区农用地和林地面积百分比对水域水质的影响；Johnson 等（1997）通过对美国密西根中部 62 个流域支流研究，建立了不同土地类型面积比例和坡度与水质指标之间的多元回归模型，发现对水质影响最大的是土地利用指标；Mander 等（2000）研究发现在较大的流域中土地利用模式对氮流失起主要作用；Brett 等（2005）通过对森林地带和城市地区的比较，分析了不同土地利用方式对水体水质的影响；Ahearn 等（2005）研究了美国加利福尼亚州西部内华达山区土地利用和土地覆被类型对水体水质的影响，并得出 1999 ~ 2001 年土地利用变化与水体中硝酸盐氮和总悬浮颗粒物含量具有相关性；Broussard 和 Turner（2009）研究认为过去百年美国的土地利用变化与流域硝酸氮浓度存在显著的相关性。

上述研究以土地利用类型作为污染物输出差异的依据，对同一类型内不再区分，但在流域尺度即使是同一类型的土地利用，由于管理和利用强度的差异，单位面积的污染物输出也可能存在差异，因此，需要对污染物输出源的差异进行更精细的刻画。

1.3.2 土地利用强度对水质污染的影响

当前大多数学者将视角集中在土地利用类型、结构与水质污染关系上，一些学者开始认识到土地利用强度对地球系统的影响，单单讨论土地利用结构不同而忽视其强度差异，将影响土地利用对水体污染解释的程度。实际上，即便是不同子流域具有相似的土地利用数量结构和比例，土地利用强度的差异也将导致流域水质参与的显著差别（Dillon and

Kirchner，1975；Oni et al.，2014）。然而，在目前研究中土地利用强度的量化和测度却并不多见（Erb，2012）。

目前，少数研究中根据土地利用强度的差异对土地利用类型进行细分，如Zhang（2010）将建设用地分为高密度居民用地和低密度居民用地，Su等（2012）根据人口密度、GDP和建设用地斑块面积标准将建设用地分为三个利用强度，Palmer-Felgate等（2009）、Jarvie等（2010）和Vogt等（2015）将耕地和牧草地分为不同的种植和畜禽养殖强度，Carey等（2011）将建设用地、耕地和牧草地细分成不同利用强度的土地利用类型。上述研究，在一定程度上考虑了土地利用强度的作用，用以分析不同强度的土地利用类型比例与水质污染参数的关系。

同时，部分研究中也开始引入与土地利用强度相关的指标，来讨论其与水体污染的关系，如施肥强度（Iital et al.，2010；Mander et al.，2000）、畜禽养殖密度（Berka et al.，2001；Harding et al.，1999）、畜产品的产量（Smith et al.，2013）、人口密度（Yin et al.，2005）、非渗透水面比例（Brabec et al.，2002；Lee and Heaney，2003）、城镇化阶段（Liu et al.，2012）等等。然而，上述这些研究多是将土地利用数量和强度在不同研究尺度进行单独分析和讨论，如何量化两者的联合作用，差别化同一土地利用类型下利用强度的差异，将有助于提高土地利用对于水质污染关系的解释能力。

1.3.3 土地利用空间格局对水质污染的影响

土地利用空间分布格局的差异在相关研究中也很少被量化和考虑，使得解释水质污染的程度存在很大的差异性（Johnes，1996；Johnson et al.，2003），最终造成水体污染不但与污染物来源相关，而且在更大程度上取决于水质污染物的空间分布与迁移过程（陈利顶等，2002），草地、河岸林、湿地等土地利用类型对迁移的水质污染物都有截留效应（Peterjohn and Correll，1984；Pearce et al.，1997；李秀珍等，2001）。可见，上述释放污染和滞留、吸纳污染的土地利用类型的空间组合与分布，以及污染物迁移路径的长短，都会影响受纳水体的被污染强度。O'Neill 等（1997）指出土地利用空间上的格局分布对河道生态与环境存在一定的影响；Verburg 等（2002）研究表明，空间交互作用和邻近特征是土地利用的重要驱动力；更有学者认为进行水质污染的控制需要合理优化土地利用的空间格局配置（Zhang et al.，2011）；能够有效控制水质污染的植被缓冲带的空间设置，也需要考虑土地利用之间的空间格局关系（Qi and Altinakar，2011；Udawatta et al.，2011）。可见，研究水质污染与土地利用的关系，必须考虑土地利用的空间分布与组合。

土地利用单元距离污染受纳水体的远近或所处位置的地形（坡度）的不同对水质污染的迁移转化有重要的影响。Ingram 和 Woolhiser（1980）指出溶解态磷等迁移量随地表坡度及降雨动能的增大而增大，在坡长为33～100m的条件下，溶解态磷的迁移量也随坡长增大而增大；Soranno 等（1996）认为在用输出系数法预测和评价流域非点源磷负荷时，应当考虑营养物来源与受纳水体之间的距离；Castillo 等（2000）发现地表径流中的硝酸氮和可溶性磷与流域出水口的土地利用存在显著关系；Schilling 等（2000）通过 1996～1998 年的流域地表径流中氮素含量变化与流域汇水区处农田面积比例变化研究，发现两者有比较明显的相关性；Lewis 等（2007）指出水中氮浓度的空间异质性受迁移路径的影响；Gburek 等（1995）和 Sims 等（1998）指出坡度梯度比坡长对水质污染的影响更为显著；Liu 等（2004）认为可通过幂函数来表示作为水质污染载体的地表径流与坡度的关系。

目前流域尺度上的研究均是通过流域出水口断面的水质污染输出来反映整个流域的情况。流域上产生的污染物输出要大于到达流域出口断面的污染输出，这是因为污染物是伴随着暴雨径流的产生与汇集过程向流域出口断面迁移的，在这个过程中会出现土壤和植被的截留、向地下水的渗透、各种生化反应、泥沙吸附、河流降解等，使得污染物不可能全部到达流域出口断面，即存在流域损失。对于以营养物输出为主的耕地、草地和城乡居住用地，距离用以刻画营养物从上述土地利用输出后的衰减程度；而林地则是表征对径流中营养物的拦截程度，距离越近则越能够保护水体（Goetz and Fiske，2008）。以往的研究已经开始用线性模型（Chen et al.，2009；Peterson et al.，2011）、反距离函数（King et al.，2005；Goetz and Fiske，2008）、指数衰减模型（Johnson et al.，2007）或综合上述多种函数（Van Sickle and Johnson，2008；Walsh and Webb，2014；Yates et al.，2014），以刻画污染物随土地利用类型与污染受纳水体距离变化的衰减规律。但是，现实中污染物的衰减过程比较复杂（Chapra and Pelletier，2003），如流域的形状关系能够影响污染物从产生到汇入水质监测断面的衰减程度，上述研究采用衰减函数进行量化主要考虑了不同土地利用类型之间空间分布的相对差异，却忽略了子流域总体分布特征对污染物迁移的影响，如此的简化处理容易造成研究的不确定性。

另外，多数研究中都是独立考虑单一类型的土地利用特征，土地利用单元与河道及水质监测断面的距离都是被“独立”考虑的。实际上，在营养物随径流的迁移转化过程中，不同土地利用之间的相对位置也会对水体营养物浓度产生影响。例如，如果在耕地产生的营养物随坡面汇流到河道的过程中，流经林地，理论上我们定义上述这部分耕地为“被拦截”的耕地，“被拦截”的耕地对水质污染的影响会减小，在这些污染物输出源的流经路径上的林地可以发挥更好的拦截和过滤作用。为了刻画这样的土地利用的位置邻接关系，Baker等（2006）提出的方法，以耕地、草地和城乡用地为污染物输出源，林地作为拦截，提取每一土地利用类型与林地的空间位置邻接关系。土地利用的位置邻近关系逐渐受到重视并被加以刻画，用以分析土地利用对水体营养物的影响，指导土地利用空间格局的优化调整，以有效控制水体富营养化（Gergel，2005；Weller et al.，2011；Cowles et al.，2014；Weller and Baker，2014）。

近年来，有学者开始引用景观生态学中景观格局指数方法来表征土地利用的空间组合，探讨土地利用空间格局及其特征与水质污染的相关关系。Uuemaa 等（2005）研究了不同尺度下景观格局指数与流域营养物流失的关系；Alberti 等（2007）研究了普吉流域城市化进程中土地利用空间格局等指标与流域生物质量指标的关系；Xiao 和 Ji（2007）研究了美国三个州矿产废弃物分布流域的景观格局和水质污染的关系。近期不同学者从缀块的水平上，即不同土地利用单元的水平上，探讨了土地利用空间组合特征与水质污染的关系（Lee et al.，2009；Roberts and Prince，2010；Carey et al.，2011）。但因目前常规的景观指数生态学意义并不明确，得到的一些关于土地利用空间格局与水质污染的关系结果尚需进一步解释（Roberts and Prince，2010）。一定程度上讲，景观格局指数是将土地利用异质性概念化，通过统计分析能够获知土地利用空间异质性对水质污染的影响程度，但具体的土地利用分布如何影响最终的水质污染输出却难以进行解释。上述种种难点使得此类研究仍处于起步探索阶段，提取和刻画影响污染物迁移转化的土地利用空间信息，是探讨土地利用空间异质性与水质污染关系的重中之重。

1.3.4 土地利用对水质污染影响的尺度效应

研究区范围对研究目标的敏感性问题即尺度效应也是学者关注的重点。例如，土地利用单元与河道的距离究竟在多大程度上影响着水质污染，是具有一定的距离阈值（Storey and Cowley，1997；Johnson et al.，2003；Tran et al.，2010），还是在流域内（Sliva and Williams，2001；Riva-Murray et al.，2002；Nielsen et al.，2012）均产生影响？上述研究学者针对水质污染与土地利用的关系在全流域和一定范围缓冲区的差异性进行了探讨，但结果迥异，至今仍无统一定论。纵观这些研究，除了研究区域自然背景的差异影响结果外，在缓冲区的设置上往往按照经验性的判断，主观选择一定阈值进行缓冲区设置来完成尺度效应的对比分析，也可能是造成研究结果迥异的原因之一。已有学者指出，采用可变范围的缓冲区设置（Bren，1998；Guo et al.，2010）或许能够更好地解释两者的关系。因此，如何寻找流域土地利用的特征尺度，以其为标准设置缓冲区的距离，准确厘定土地利用影响水质污染的关键范围，是分析土地利用空间格局与水质污染关系尺度效应的关键问题之一。

Sliva 和 Williams（2001）发现流域尺度内土地利用对水质参数的解释能力优于100 m缓冲区的解释能力；类似还有部分学者研究指出土地利用对水质的影响是在全流域范围内起作用的（Jones et al.，2001；Riva-Murray et al.，2002；Woodcock et al.，2004；Dow et al.，2006；Park et al.，2011；Nielsen et al.，2012）。也有学者持相反的观点，如 Storey 和 Cowley（1997）研究表明在600m范围内林地能够更为显著地改变径流的物理、化学和生物特征，恢复因林地转化为牧场而受污染的水质质量（Storey and Cowley，1997）；Johnson 等（2003）发现100m河岸带内的景观对于水质的解释能力大于流域尺度；Tran 等（2010）研究距离出水口200m内区域和更远距离区域的土地利用特征与河流水质的关系，表明土地利用与出水口的邻接距离关系对水质变化产生的影响更为显著。这样的争论可能归结于不同流域特征的差异性（Sliva and Williams，2001），即使具有相同的土地利用数量结构，在空间上都有可能存在显著的差异。并且由于不同研究中流域面积差异性也很大，所以这些因素皆对土地利用与水质参数的定量关系有重要的影响。

需要指出的是，上述研究在缓冲区的设置上基本是凭主观选择一定的阈值进行，不同的研究缓冲区设置阈值不尽相同，这也可能是造成研究结果迥异的原因之一。实际上，任何流域的土地利用都存在一定的等级结构和空间分布特征，在不同的等级尺度之间，生态学的规律和作用将出现显著的差异。在以往研究中，有的研究区可能全流域具有类似的土地利用空间特征，即不存在等级结构，那么全流域的土地利用信息都可能对水质污染起作用；相反，有的研究区土地利用分布存在明显的空间差异，由于污染物从输出到达到水质监测断面存在衰减和损失，使得在一定范围内缓冲区的土地利用单元则对水质污染的形成影响更大。因此，只有在准确刻画和厘定土地利用空间信息对水质污染影响的基础上，才能设置合理的缓冲区和河岸带，从而合理管理土地利用，有效调控和控制流域的水质污染。

1.4　国内土地利用对水质污染的影响研究

国内学界开展土地利用对水质污染影响研究相对滞后于国外，真正意义上的研究始于20世纪80年代初的湖泊、水库富营养化调查和河流水质规划（鲍全盛和王华东，1996），主要研究内容即是通过典型样区试验建立土地利用类型与水质污染的简单关系，进而粗略估算汇水区域水质污染物的输出总量。这一阶段的研究数量少，监测手段相对简单，属于对土地利用类型与水质污染之间关系的探索阶段。

进入20世纪90年代末期，我国针对水质污染的研究得到较快发展，国内学者开始对土地利用类型、结构与水质污染的相关关系进行较深入的探讨。阎伍玖和陈飞星（1998）以巢湖流域为研究区域，探讨了不同土地利用类型的地表径流污染特征的差异性；李俊然等（2000）以子流域为单元，研究了蓟运河于桥水库流域内不同土地利用结构与地表水水质之间的相关关系；于兴修等（2002）运用GIS技术和水质指数法对西苕溪流域的土地利用变化及其水环境效应进行分析，指出土地利用变化是引起养分流失加剧继而导致水体水质变化的主要原因；杨金玲等（2003）运用实地跟踪定位监测方法，监测安徽宣城梅村流域不同土地利用结构的农林生态系统地表径流水的氮含量，探讨其与流域土地利用的定量关系；岳隽等（2006）对深圳市境内5条河流水质1996～2004年的时空变化与相应流域内耕地、园地和建设用地数量的对应关系及其相互影响进行了探讨。

2000年以来，国内学者开始较多地引用国外开发的模型对不同流域的水质污染状况进行模拟分析。其中，经验性的输出系数模型因其符合我国水文水质监测资料少、研究基础相对薄弱的状况而被广泛应用（应兰兰等，2009）。此类研究的亮点主要体现在两个方面：一方面研究者应用野外监测法获取了部分流域的土地利用输出系数，为进一步的研究积累了大量数据。如梁涛和于兴修（2002）、梁涛等（2003，2005）利用人工降雨模拟器模拟暴雨，研究了西苕溪流域和官厅水库周边不同土地利用方式上氮、磷随暴雨径流及径流沉积物的迁移过程，并估算了总氮、总磷的流失速率；基于子流域出口水质监测数据建立了不同土地利用类型面积比例与营养物浓度的定量关系，相关学者估算出太湖各流域每种土地利用类型的污染物输出系数（李恒鹏等，2004，2006；李兆富等，2007）。另一方面研究者根据区域实际情况将输出系数模型进行改进以提高模拟精度，如李怀恩和庄咏涛（2004）利用改进的输出系数法研究了西安市黑河引水工程的水源保护问题，预测了土地利用结构发生改变后的入库污染负荷；蔡明等（2004）将降雨影响系数和流域损失系数引入输出系数模型中，估算了渭河流域的总氮负荷量；龙天渝等（2008）将输出系数模型与分布式水文模型结合，对流域输入三峡库区的非点源氮磷污染进行了相关预测和分析。需说明的是，上述研究有关土地利用的方面只考虑了其类型和数量，完全没有涉及土地利用空间格局对水质污染的影响。

而引用机理性模型较多的是 AGNPS 和 SWAT 两种模型。赵刚和张天柱（2002）和黄金良等（2005）分别将 AGNPS 模型运用于云南省捞鱼河子流域和九龙江流域试验区，检验模型的适用性；苏保林等（2006）以密云水库上游流域为研究区，建立了基于 SWAT 模型的密云水库上游流域非点源模型系统；秦耀民等（2009）基于 SWAT 模型探讨了黑河流域土地利用与非点源污染的关系。此外，HSPF 模型（张建，1995）、SWMM 模型（邢可霞等，2004）、CREAMS 模型（黄金良等，2007）、GLEAMS 模型（王吉苹等，2007）等也少量被引进应用于流域水质污染的研究中。需指出的是，国内学者应用机理性模型进行水质污染影响的相关研究时，大多数直接输入研究区几期土地利用数据，以及相应的土壤及地形数据，然后对区域水文气象数据进行率定，再运转模型得出结果，而根据实际情况对模型进行改进的研究非常少见。另外，机理模型如SWAT需要有大量的样地和实测数据进行校正，而我国基础资料相对较少，很多子模型几乎没有数据而空转。同时由于我国的土地利用方式及农牧业的管理措施等与国外存在差异，直接引用国外的数据参数运转模型得出的研究结果也存在很大的不确定性（Ongley et al.，2010）。国内学者也开始尝试建立适用于我国水文特点和水质污染特征的模型（Yang et al.，2011）。

近年来，国内部分学者也在土地利用空间格局与水质污染关系上进行了一些尝试性研究。傅伯杰等（1998）在黄土高原的研究中提出沿坡面从上到下按林地—草地—坡耕地排列是一种较好的土地利用空间配置模式，有利于保持土壤养分，减少水土流失；陈利顶等（2003）基于土地利用方式对非点源污染“源-汇”的影响，提出以景观空间负荷对比指数来衡量土地利用单元相对于流域出口（监测点）的“距离”、“相对高度”和“坡度”等这些空间特征对非点源污染影响的理论框架；而采用景观空间负荷对比指数也有一些实证研究，结果表明距离、坡度和相对高度等对非点源污染有显著的影响（索安宁等，2007；岳隽等，2007；刘芳等，2009）；岳隽等（2008）则基于“源-汇”景观概念，研究了深圳市西部库区土地利用单元作为缀块的特征与水质的关系；唐艳凌和章光新（2009）应用去趋势典范对应分析方法对吉林省饮马河石头口门水库流域的景观格局与农业非点源污染关系进行定量分析，结果表明部分景观格局指数与非点源污染显著相关。总体来看，国内上述有关土地利用空间格局与非点源污染关系的研究处在刚起步阶段，与国外研究水平尚存在一定差距。

1.5 研究思路与框架

如图1-1所示，土地利用各组分与地表径流营养物随径流产生、迁移及转化过程密切相关。

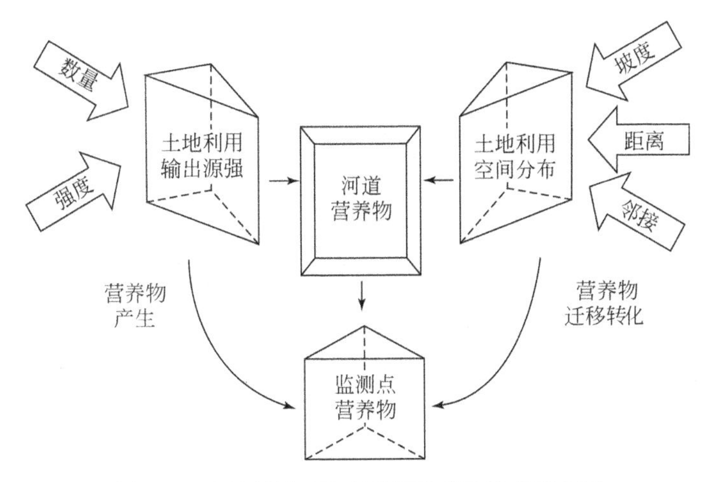

图 1-1 土地利用对地表径流营养物影响概念图

国内外学界在不断研究土地利用类型、结构与水质污染关系，以及开发完善水质污染模型的基础上，已开始重视探讨土地利用空间异质性与水质污染之间的相关关系。在研究土地利用与水质污染关系的过程中，对流域土地利用强度、土地利用所处地形、土地利用分布距离和土地利用位置邻接等方面相关空间信息的诠释仍存在进一步探讨的空间，在方法与设计上存在很多需要完善的地方。

具体来讲包括，如何对土地利用的管理和利用强度的空间差异进行量化，从而能更精细地刻画污染物输出源的差异？考虑土地利用与污染受纳水体的距离进行空间化表达时，如何刻画流域土地利用空间分布的差异对水质污染衰减过程的影响？林地与其他土地利用空间位置邻接关系是否对污染物的拦截和缓冲作用也存在差异？因此，有必要纳入土地利用空间信息，深入探讨土地利用对水质污染的影响。针对水质污染的土地利用空间信息有其特定的含义，即目前研究多以流域作为研究单元，流域单元是包含有地形、地势等地理信息，以分水岭作为流域边界，具有汇水线的特定单元，其空间格局具有明确的方向性。因此，基于水质污染研究的土地利用空间信息挖掘，需要以水力联系作为主导，刻画不同污染源在水力驱动下的输出特征的空间差异，又需要反映在此水力传输过程中营养物的衰减以及不同缓冲带对营养物的拦截作用。另外，受限于研究方法，构建水质污染和土地利用的关系，我们只能够用有限的水质监测断面的水质特征来反映整个流域的情况，这就需要将流域的土地利用特征概化，并且是涵盖土地利用空间信息的概化（Baker et al.，2006），使得土地利用栅格对水体营养物的贡献非均一化，从而充分探讨两者的关系，以有效地进行水质污染的管理和控制。

第 2 章　数据来源及研究方法

2.1　密云水库上游流域概况

密云水库位于北京市密云区北部山区，是华北地区最大的水库。1997 年官厅水库退出北京饮用水源地后，密云水库成为北京城市供水最主要的地表水源，也是首都唯一的地表饮用水水源地。研究表明，自 20 世纪 90 年代以来，密云水库水体呈自中营养化向富营养化的发展的趋势（杜桂森等，2004；焦剑等，2013），水体的富营养化已成为密云水库最主要的水质污染问题。1990 ~ 2010 年，潮河、白河的入库河段的总氮浓度呈明显增加的趋势（李文赞等，2013）；另外，近几年流域的各断面水质监测结果表明，绝大多数的水体总氮浓度为劣 V 类水质标准（焦剑等，2013；李亚楠和薛新娟，2013；李新荣等，2014）。流域的畜禽养殖、农村生活、农业生产及林果业发展等所产生的大量营养物质现已成为影响密云水库水质的主要因素（王晓燕等，2009）。

无论从当前态势还是未来的发展看，密云水库上游流域水体富营养化问题都不容乐观。一方面，流域设施农业快速发展，村民为了追求较高的农业产量和经济效益，农业生产中必将继续大量使用肥料尤其是化学肥料，从而加剧汛期的肥料流失风险；与此同时，随流域人口负荷的加重，加之近年来京郊旅游的兴起带动当地农家乐等餐饮、住宿业发展，流域内农村居民的生活污水及污染物排放量将有增无减，势必会成为流域营养物质最重要的来源之一。

因此，本书选取密云水库上游流域为研究区，探讨土地利用对流域水质污染的影响，从而有利于该流域水体富营养化的控制，以保证首都饮用水的安全。密云水库上游流域是指潮白河流域密云水库所控制的部分，其位于北纬40°19′~41°38′，东经115°25′~117°33′。采用DEM（数字高程模型）对其流域范围进行划定，其面积约为15 788 km²；西部为白河流域，东部为潮河流域；行政区域包括河北省的丰宁满族自治县、滦平区、承德县、沽源县、崇礼区、赤城县和北京市的延庆区、怀柔区和密云区（图2-1）。

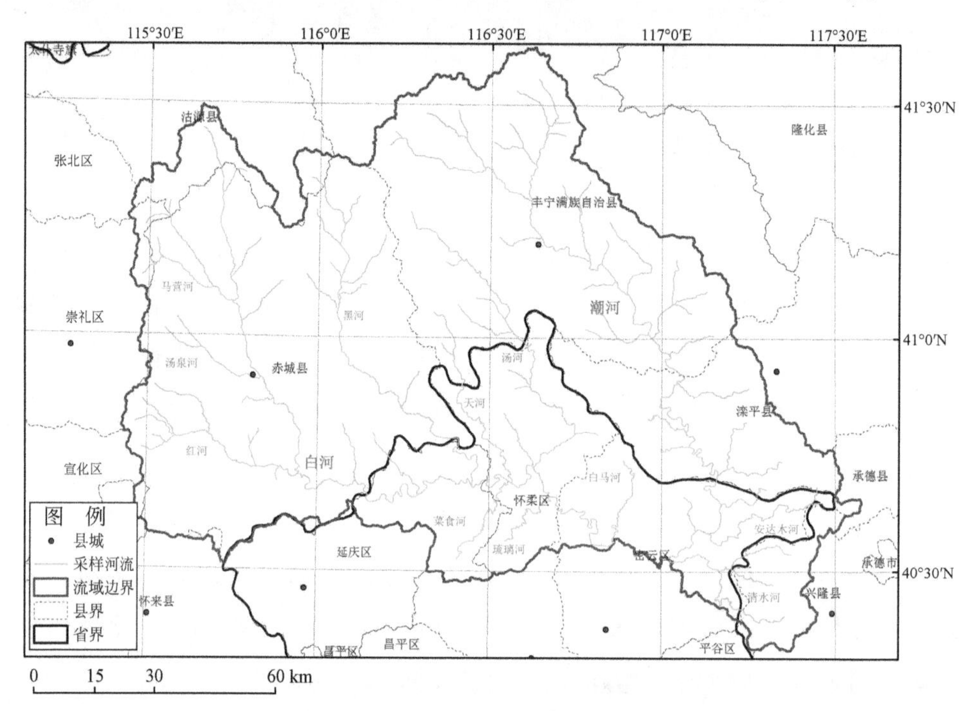

图2-1 密云水库上游流域分布位置

数据来源：Xu et al. 2016。

潮白河是流经北京市北部、东部的重要河流，属海河水系。其上源有两支，东支为潮河，西支为白河。潮河发源于河北省丰宁满族自治县草碾子沟南山下，经滦平区，自古北口入北京市密云区境，有安达木河、清水河、红门川等支流汇入，在辛庄附近注入密云水库，北京市境内河长72 km。白河发源于河北省张家口地区的沽源县九龙泉和崇礼区的深山中，经赤城县，于白河堡进入北京市延庆区境，东流经怀柔区青石岭入密云区，沿途有黑河、红河、汤河、天河、马营河、菜食河和琉璃河等诸多支流汇入，在张家坟附近注入密云水库，另外还有一条属于白河水系的支流白马河，它直接流入密云水库。

2.1.1 自然概况

1. 地形特征

密云水库上游流域地处中纬度地区，是内蒙古高原与华北平原的过渡带，属于燕山山脉。地形复杂，地势西北高、东南低，相差悬殊，总体呈现由西北向东南倾斜，海拔在65 ~ 2300 m，山体坡度多在10° ~ 25°。山地面积占总流域面积2/3以上，大部分平原、河滩地分布在河流的两侧，这种地形特点对流域气候具有很大影响，特别对气温和降水分布的影响尤为明显。

2. 气候条件

研究区属暖温带季风型大陆性半湿润半干旱气候。冬季受西伯利亚、蒙古高压控制，夏季受大陆低压和太平洋高压影响，四季分明，干旱冷暖变化明显，全年平均气温为9 ~ 10 ℃。流域内多年平均降雨量为489 mm，降雨分布一般从东南到西北递减，年均降水量为300 ~ 700 mm。流域内7月和8月降水约占全年降水量的70%，且多以暴雨的形式出现（李苗苗等，2004）。

3. 土壤植被类型

流域内土壤为四大类，即褐土、棕壤、草甸土和栗钙土，其中褐土分布最广。土壤垂直分布规律自高而低为山地草甸土、山地棕壤、粗骨性棕壤、淋溶褐土、粗骨性淋溶褐土。西部石质山区，土层易侵蚀；东部黄土丘陵地区，土壤多呈块状、片状结构，为易漏水漏肥土壤（王淑芳等，2010）。冬春季土壤水分含量明显低于夏秋季，土壤养分总趋势为氮、磷缺乏，有机质较充分，山地天然次生林地有机质含量高，而低山区土壤一般贫瘠，植被稀疏，水土流失严重。研究区内流域内植被以原始次生林和人工林为主，天然次生林树种以阔叶混交杂木林为主，人工林主要包括油松、侧柏、刺槐和落叶松；其中北京市境内植被覆盖度较好，河北省境内植被破坏较为严重，主要以杂草和灌木为主。种植业方面以旱生禾本科作物为主，其次是豆科作物。

2.1.2 社会经济状况

根据流域所在的主要区县范围，包括赤城县的全县 18 个乡镇，丰宁满族自治县的 13 个乡镇，滦平区的 11 个乡镇，沽源县的 2 个乡镇，兴隆县 2 个乡镇，以及北京市的密云区、延庆区和怀柔区的 16 个乡镇，对 2012 年各乡镇统计年鉴进行汇总，研究区约有人口 88 万人。其中潮河流域约有 56 万人，平均人口密度约为 69 人/ km^2；白河流域约有 32 万人，平均人口密度约为 57 人/km^2。研究区所辖河北省各县均为国家级贫困县，属于典型的农业结构，以粮食种植为主，主要粮食作物有玉米、水稻、高粱、谷子、大豆等，经济类作物有花生、芝麻、烟草等。工业基础相对薄弱，偏重重工业，轻工业发展缓慢。

2.2 数据来源及处理平台

1：50000 地形图来自中国科学院地理科学与资源研究所；30 m 分辨率 DEM 数据来自地理空间数据云（http：//www. gscloud. cn/）；Landsat 8 影像来自美国地质调查局（USGS）数据中心（http：//glovis. usgs. gov），采用全色波段合成，分辨率为 15m；乡镇边界图来自研究区各县统计局

（数字化工作由作者完成）和地球系统科学数据共享平台（http：//www. geodata. cn/）；社会经济数据来自研究区各乡镇统计局；水体样品来自课题组实地采样。各GIS栅格图件统一为30 m分辨率进行分析。相关的空间分析和出图在ArcGIS 10. 2软件中完成，统计分析则是在SPSS 18. 0软件中实现，并采用Origin 8. 0软件进行统计图件的绘制。

2.3 研究方法

2.3.1 野外调查和水样采集

O'Callaghan和Mark（1984）提出了基于DEM的坡面汇流模拟方法，可利用地面高程信息提取流向，确定河流网络。ArcGIS的水文分析工具基于D8算法（Fairfield and Leymarie，1991），提供了基于DEM数据的计算机水文模拟，通过包括洼地填充、水流方向模拟、汇流累积量计算、河流网络提取等一系列操作，最终实现对研究区流域的分割（孙庆艳等，2008）。通过对这些基本水文因子的提取和基本水文分析，可以在DEM表面之上再现水流的流动过程，最终完成水文分析过程（图2-2）。

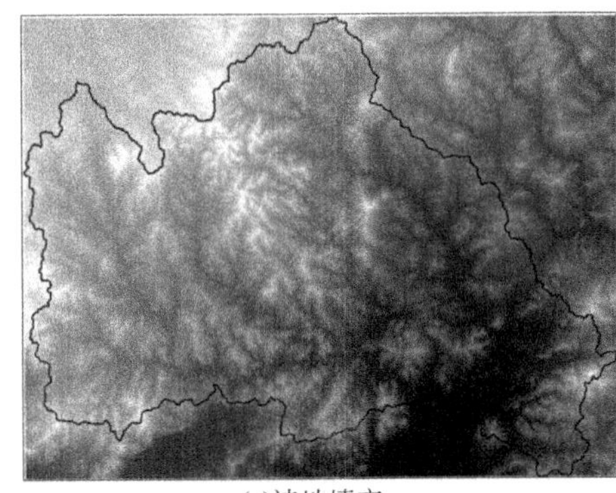
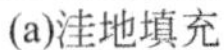
(a)洼地填充

(b)流向模拟

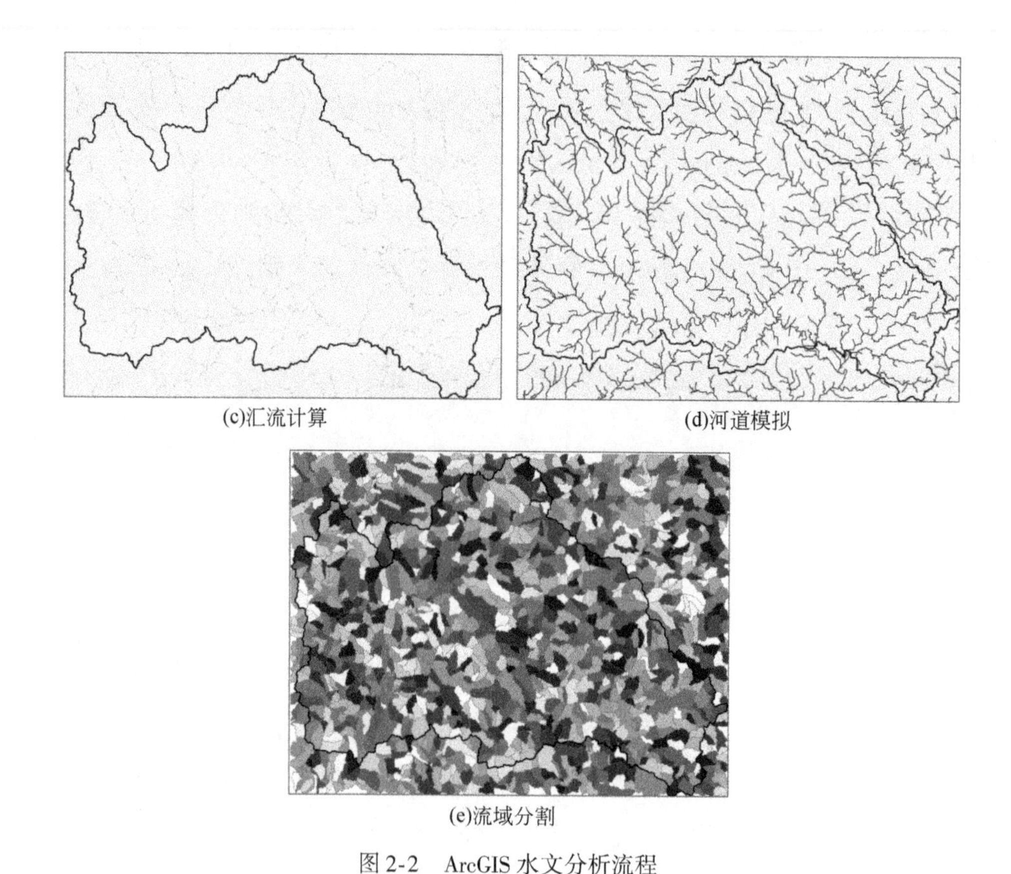

(c)汇流计算

(d)河道模拟

(e)流域分割

图 2-2　ArcGIS 水文分析流程

其中，汇流累积量阈值是水文分析的关键参数（沈中原等，2009），不同的阈值设置会生成不同的子流域数量和河网密度（孙庆艳等，2008；张云姣等，2009），集流阈值越大，在水流累积栅格图层中大于集流阈值的栅格就越少，河长会相应地缩短，同时所提取的河流级别也会变高，河道数目就会越来越小（孙庆艳等，2008；张婷，2008）。因此，本书采用试错法，分别设置 10 000、50 000、100 000 和 200 000 共四个汇流栅格阈值（DEM 为 30 m 分辨率，因此一个栅格单元面积为 900 m^2），生成相应的河网和子流域分布（图 2-3），并结合野外调查和遥感影像，以 100 000 栅格值作为基础，最终进行河网分级和子流域划分，其中部分子流域出现断流情况无法进行采样（如牤牛河中游由于建有半城子水库拦蓄径流，位于密云区不老屯镇的监测点采样期间皆无水)。最终，本研究共设置了52个子流域出水口监测点（图2-4)，子流域平均面积为252 km²，最大面积为1269 km²，最小面积为15 km²。

密云水库流域径流中营养物主要来自降雨引起的养分流失，该流域的降雨集中在雨季，降水量占全年降水量的80%左右（郝丽娟，2004)，因此，在2013年7～9月短期降雨结束后，在密云水库上游流域的共52个子流域出水口监测点进行断面设置和逐一采样，以雨季的水体营养物浓度反映各子流域的水质污染情况。断面设置主要遵循下述原则：①取样点远离村庄、畜禽养殖场等易受集中污染影响的河道中；②在支流汇入干流50 m以外的位置设置采样点，以监测支流汇流前水体营养物状况（李亚楠等，2013)。在7、8、9三个月分别采集到水体样品48个、52个和51个(个别子流域采样期间断流，如安达木河上游建有遥桥峪水库，因此仅采

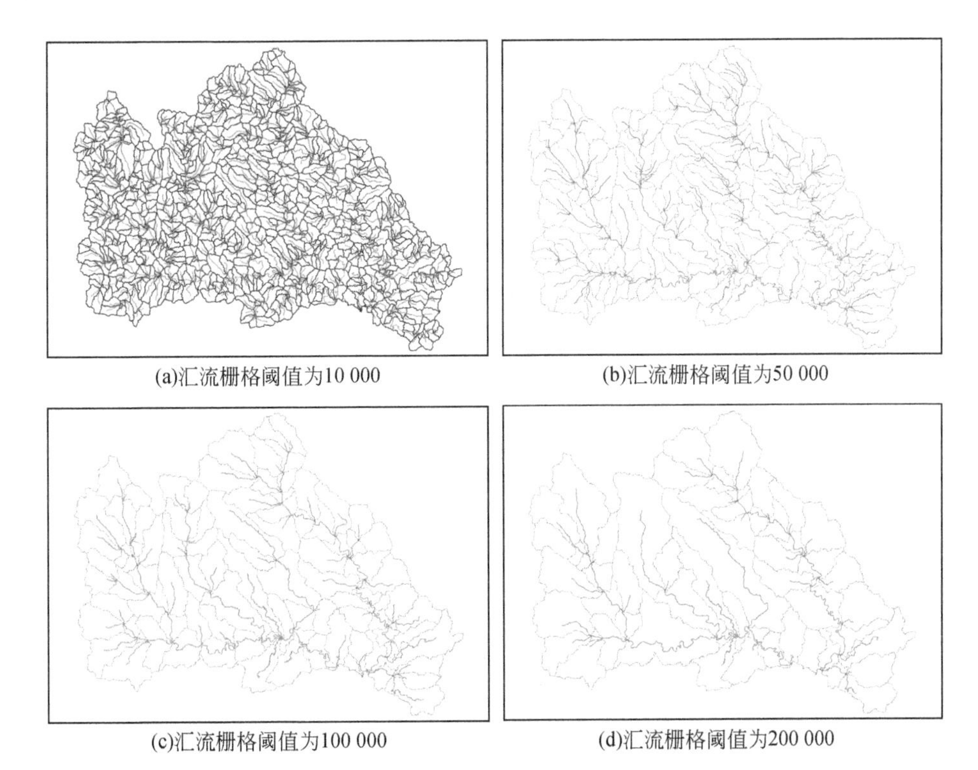

(a)汇流栅格阈值为10 000　(b)汇流栅格阈值为50 000

(c)汇流栅格阈值为100 000　(d)汇流栅格阈值为200 000

图2-3　不同汇流阈值的河网和子流域提取

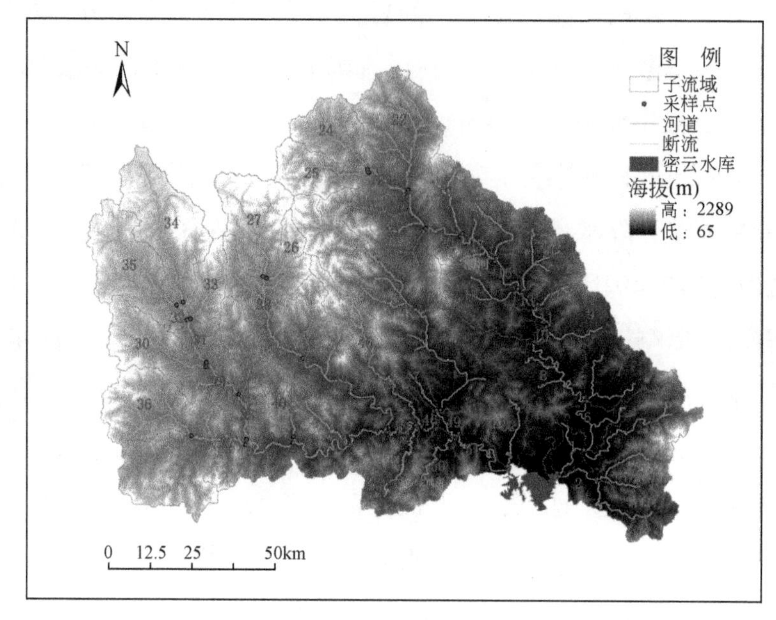

图 2-4 密云水库上游流域的子流域分割和水质采样点设置

数据来源：Xu et al. 2016。

到两次水样)。每个取样点每次取水样 600mL，现场测定温度、pH、EC（电导率）和 TDS（总溶解固体)，加酸密封保存，并于采样第二天及时带到实验室进行测定。采样期间各子流域径流主要为前一次降雨形成，一定程度降低了各子流域径流条件差异对水体中营养物浓度的影响，每次采样时间为 4 天左右，野外调查和采样情况如图 2-5 所示。

(a)河道断流

(b)子流域出水口

(c)采集水样

(d)现场水样参数测定

图2-5　野外水质调查情况

2.3.2　水质样品的室内分析

为表征流域的水体富营养化状况，根据以往的研究，本书选取总氮、硝酸盐氮、氨氮和总磷以及化学需氧量（COD）和生化需氧量（BOD_5）等水质样品浓度作为水体的无机污染、有机污染的输出表征。总氮采用《中华人民共和国国家环境保护标准》（HJ 636—2012）的碱性过硫酸钾消解紫外分光光度法，硝酸盐氮采用《中华人民共和国环境保护行业标准》（HJ/T 346—2007）的紫外分光光度测定方法，氨氮采用《中华人民共和国环境保护行业标准》（HJ 535—2009）的纳氏试剂分光光度法，总磷采用《水和废水监测分析方法（第四版）》的钼锑抗分光光度法，COD采用《水和废水监测分析方法（第四版）》的重铬酸钾法，BOD_5采用《中华人民共和国国家环境保护标准》（HJ 505—2009）的稀释与接种法。每一批样品对每种指标做两个分析空白试样，空白试样测定结果标准分别参照上述标准的控制范围；并且，每批样品对每种指标做5个平行双样测定，测定结果则以平行双样的平均值报出。

2.3.3 土地利用现状解译

本书采用的 Landsat 8 影像基本信息见表 2-1，利用 ENVI 5.1 进行影像处理。应用 1∶50 000 地形图对影像进行几何校正以及大气校正（FLAASH 模块），并将全色波段和多光谱波段进行全色合成（Gram-Schmidt Pan Sharpening 模块）。对四幅影像进行拼接和裁剪（Seamless Moaic 模块）（图 2-6）。

表 2-1 密云水库上游流域 Landsat 8 影像信息

数据标识	条带号	行编号	时间
LC81230312013276LGN00	123	31	2013-10-03
LC81230322013276LGN00	123	32	2013-10-03
LC81240312013267LGN00	124	31	2013-09-24
LC81240322013235LGN00	124	32	2013-08-23

数据来源：Xu and Zhang. 2016a。

通过野外解译标志，采用目视解译的方法，并结合海拔、坡度和 NDVI 数据作为辅助信息，对影像进行土地利用分类。本书将土地利用分为耕地、林地、草地、水域、城乡居住用地、工矿用地、道路和未利用地（沙土或裸岩）8 类，土地利用分类结果利用野外定位标志和 Google Earth 做验证。

土地利用图分类精度的评价包括混淆矩阵、Kappa 系数、总体分类精度、每一地类的制图精度、用户精度和平均精度（Congalton，1991）。混淆矩阵主要用于比较分类结果和地表真实信息，是通过将每个地表真实像元的位置和分类与分类图像中的相应位置和分类像比较计算；Kappa 系数通过把所有地表真实分类中的像元总数乘以混淆矩阵对角线的和，再减去某一类中地表真实像元总数与该类中被分类像元总数之积对所有类别求和的结果，再除以总像元数的平方差减去某一类中地表真实像元总数与该类中被分类像元总数之积对所有类别求和的结果所得到的；总体分类精度等于被正确分类的像元总和除以总像元数，地表真实图像或地表真实感兴趣区限定了像元的真实分类；制图精度是指每一类解译结果属于该类别的概率，即假定地表真实为A类，分类器能将一幅图像的像元归为A的概率；用户精度是指每一类解译结果能够准确解译的概率，即假定分类器将像元归到A类时，相应的地表真实类别是A的概率；平均精度为制图精度和用户精度的平均值。

图2-6　Landsat 8影像波段7、4、3合成示意图

2.3.4　空间自相关检验

本书野外调查的水体样品包含有支流和干流水质监测断面的结果，为获得尽可能多的水体营养物浓度监测的样本量，本书将所有采样数据都纳

入后续的统计分析。考虑到地表径流营养物浓度受到上下游的影响，需要对各水体营养物浓度的空间相关性进行检验，若水体营养物浓度通过空间独立性检验，表明各子流域单元的地表径流营养物浓度结果具有相对“独立性”，主要受子流域内的自然社会特征的影响，才能够进行后续的分析。Moran's I 是经典的空间自相关性指标（Moran，1948），它可以分析地理单元与其周围单元间的相关性，该指标的计算公式如下：

$$I = \frac{n\sum_{i=1}^{n}\sum_{j=1}^{n} w_{ij}(y_i - \bar{y})(y_j - \bar{y})}{(\sum_{i=1}^{n}\sum_{j=1}^{n} w_{ij})\sum_{i=1}^{n}(y_i - \bar{y})^2} \tag{2.1}$$

式中，n 为空间单元个数；y_i 和 y_j 分别为空间单元在第 i 位置和第 j 位置的属性值，$\bar{y}$ 为所有空间单元该属性的平均值；w_{ij} 为邻接矩阵。Moran's I 的变化范围是［−1，1］，Moran's I 大于 0 表示空间正自相关，小于 0 表示空间负自相关，若 Moran's I 等于 0，则表示不存在空间自相关。该指标的绝对值越大，则表示相关性越强。

直接通过原始公式计算的 Moran's I（Moran，1948）并没有进行显著性检验，受样本计算量的影响，当该指标的绝对值处于 0.5 左右时，难以判断度量指标是否存在空间自相关，因此，需要对计算得到的 Moran's I 标准正态化为 Z（Moran's I），与正态分布双侧分位数表中相应概率水平上的标准正态统计值 Z 进行比较，进行显著性检验。

局部 Moran's I 指数可以分析局部指标空间自相关性（Anselin，1995），用以表征局部空间的某一指标与其邻近的空间单元指标之间的相关性，局部 Moran's I 指数计算公式如下：

$$I_l = \frac{y_i - \bar{y}}{\sigma}\sum_{j=1}^{n} w_{ij}(y_i - \bar{y}) \tag{2.2}$$

式中，σ 为 y_i 的标准差；$\bar{y}$ 为空间单元该属性的平均值；w_{ij} 为邻接矩阵。

局部 Moran's I 指数可将局部的空间相关关系分为包括“高–高”、“低–低”、“高–低”、“低–高”相关的四种分布关系，“高–高”表示目标单元为高指标值，周围单元也是高指标值；“低-低”表示目标单元为低指标值，周围单元也是低指标值；“高-低”表示目标单元为高指标值，周围单元反而为低指标值，“低-高”表示目标单元为低指标值，周围单元却是高指标值。

第3章　流域地表径流营养物浓度的时空变异特征

为全面刻画密云水库上游流域地表径流营养物水平的时空变异特征，本书对覆盖全流域的52个子流域出水口进行水质采样，选择了总氮、硝酸盐氮、氨氮、总磷、COD和BOD_5六项分析指标来表征各子流域的营养物输出情况。采用经典统计学方法，描述各水体营养物浓度的总体特征，利用空间相关性指标检验各子流域水体浓度的空间独立性，结合GIS的空间分析方法，定量刻画研究区地表径流营养物输出的时空分布特征，最后采用因子分析方法，对6项水质指标进行综合评价，分析密云水库上游流域水体富营养化水平的总体变异情况。

3.1　地表径流营养物的基本统计特征描述

由表3-1和图3-1可见，各水体营养物浓度的绝对值之间存在明显的差异，并且，7～9月，各指标浓度表现出一定的时间趋势变化，总氮、硝酸盐氮、COD和BOD_5浓度呈现随时间增加的趋势，其中BOD_5的浓度增加幅度最大，从7月平均的4.70 mg/L增加到了9月的7.97 mg/L。相反，氨氮和总磷浓度则呈现减少的趋势，尤其是9月，上述两个指标浓度明显低于前两个月。

表 3-1 地表径流营养物浓度检测结果 7~9 月份的均值 (单位：mg/L)

指标	7月	8月	9月
总氮	16.37	19.06	20.76
硝酸盐氮	14.11	16.55	18.41
氨氮	0.75	0.64	0.19
总磷	0.16	0.15	0.05
COD	10.21	12.19	13.53
BOD_5	4.70	5.38	7.97

数据来源：Xu et al. 2016。

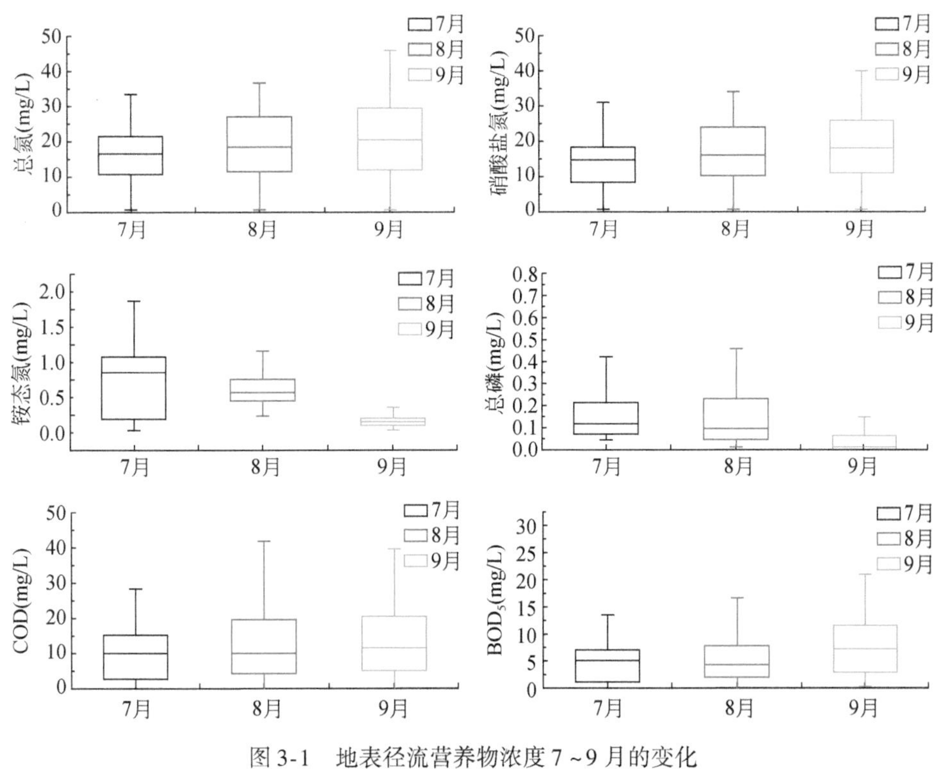

图 3-1 地表径流营养物浓度 7~9 月的变化

通过 Alpha 信度系数可判断三个月份的水体营养物浓度是否存在一致性，通常认为，信度系数应该为 0~1.0，如果量表的信度系数在 0.9 以上，表示一致性很好；如果量表的信度系数为 0.7~0.9，表示一致性中等，可以接受；如果量表的信度系数在 0.7 以下，表示一致性较差。由表

3-2 可以看出，总氮和硝酸盐氮的 Alpha 信度系数分别为 0.920 和 0.912，三个月份的指标浓度具有很好的一致性，总磷、COD 和 BOD_5 为 0.7 ~ 0.9，指标一致性可以接受，而氨氮三个月份的浓度波动浮动较大。

表 3-2　地表径流营养物浓度检测结果的内部一致性检测

指标	总氮	硝酸盐氮	氨氮	总磷	COD	BOD_5
Alpha 信度系数	0.920	0.912	0.547	0.822	0.701	0.704

因此，这里以三次采样水体营养物浓度结果的均值表示各子流域的水质污染总体特征，表 3-3 列出了 6 项水体营养物浓度的统计特征，总磷浓度的变异系数最大，其余 5 项指标浓度为中等变异，并且，总磷浓度的峰度系数的绝对值最大，为 1.21。应用 SPSS 的 Kolmogorov-Smirnov 检验各水体营养物浓度数据，结果表明，各项水体营养物浓度的数值检验结果的 *P*（K-S）[①] 皆大于0.05，通过显著性检验，符合正态分布特征，以及回归分析的条件假设。

表 3-3　地表径流营养物浓度统计特征

指标	最小值（mg/L）	最大值（mg/L）	平均值（mg/L）	标准差	变异系数	峰度系数	*P*（K-S）
总氮	2.05	38.9	18.9	8.82	0.47	−0.55	0.80
硝酸盐氮	1.47	34.2	16.5	7.84	0.47	−0.56	0.62
氨氮	0.18	1.16	0.52	0.23	0.44	0.17	0.61
总磷	0.02	0.46	0.12	0.10	0.85	1.21	0.06
COD	1.12	30.8	12.2	7.60	0.63	−0.52	0.48
BOD_5	0.58	15.9	6.1	3.94	0.65	−0.42	0.62

数据来源：Xu et al. 2016。

根据表 3-4 计算 6 项水体营养物浓度的 Person 相关系数可以看出，部

① K-S 检验是从两位苏联数字家（Kolmogorov 和 Smirnov）的名字命名的，它是一个拟合优度检验，结果用 *P* 表示。

分水体营养物浓度具有明显的相关性，总氮和硝酸盐氮的Person相关系数为0.997，COD和BOD_5浓度的Person相关系数为0.990，通过了0.01显著性水平的检验，上述两组营养物的浓度呈现高度的一致性；总磷和总氮、硝酸盐氮浓度的Person相关系数分别是0.548和0.549，也达到了0.01的显著相关水平，而总磷与氨氮、COD和BOD_5浓度的Person相关系数分别是0.290、0.329和0.333，达到了0.05的显著相关水平。其他指标之间则没有显著的相关关系，可见，需要综合各项营养物指标，才可全面评价密云水库上游流域的水体营养化水平特征。

表3-4 地表径流营养物浓度的Person相关系数

指标	总氮	硝酸盐氮	氨氮	总磷	COD	BOD_5
总氮						
硝酸盐氮	0.997**					
氨氮	-0.004	-0.027				
总磷	0.548**	0.549**	0.290*			
COD	0.173	0.183	-0.070	0.329*		
BOD_5	0.223	0.234	-0.084	0.333*	0.990**	

*表示在0.05水平（双侧）上显著相关；**表示在0.01水平（双侧）上显著相关。

结合表3-5给出的地表水质量标准，可以看出，密云水库上游流域的水体富营养化状况不容乐观，其中总氮污染最为严重，最小值都超过Ⅴ类水质2 mg/L的阈值，所有流域皆为劣Ⅴ类水的标准；硝酸盐氮次之，平均值为16.5 mg/L，位于Ⅳ类水质标准；氨氮平均浓度为0.52 mg/L，为Ⅲ类水质标准，污染较轻。在我国《地面水环境质量标准》（GB 3838—2002）的说明中指出只要水中有氨氮出现，则表示水体受到新的污染，水体自净尚未完成。比较总氮、硝酸盐氮和氨氮浓度的绝对值，可以看出，流域氮主要以硝酸盐氮的形式存在，氨氮形式的比重很低，表明这一时段水体持续有污染物汇入，但水体的自净能力较强，因此氨氮浓度远低于硝酸盐氮的浓度。总磷平均浓度为0.12 mg/L，为Ⅲ类水质标准，污染较轻；而流域的有机污染，COD的平均浓度为12.2 mg/L，为Ⅰ类和Ⅱ类水质标准；但是BOD_5的平均浓度为6.12 mg/L，达到了Ⅴ类水质标准；以0.3作为可生化降解的下限，密云水库的BOD_5/COD平均值为0.5，表明流域水体具有较好的可生化降解性。

表3-5　我国地表水质量标准（GB 3838—2002）　（单位：mg/L）

指标	Ⅰ类	Ⅱ类	Ⅲ类	Ⅳ类	Ⅴ类
总氮	0.2	0.5	1	1.5	2
硝酸盐氮	2	5	10	20	20
氨氮	0.15	0.5	1	1.5	2
总磷	0.02	0.1	0.2	0.3	0.4
COD	15	15	20	30	40
BOD_5	3	3	4	6	10

注：硝酸盐氮标准该文件并未给出，本研究参考了前人研究的结果（刘宏斌等，2001），其余5项皆为国家标准。地表水源地补充项目中硝酸盐氮的标准限值为10 mg/L。

3.2　子流域地表径流营养物浓度空间独立性检验

根据Moran's I的指示意义，该指数大于0表示空间正自相关，小于0表示空间负自相关，由表3-6可以看出，所有地表径流营养物浓度的Moran's I皆为正值，其中，氨氮的Moran's I最大，达到了0.468，总氮、硝酸盐氮和总磷的Moran's I也都大于0.3，表现出一定的空间自相关性，而COD和BOD_5则接近于0，没有表现出空间自相关性。但是，对计算得到的Moran's I标准正态化为Z（Moran's I），以0.05作为显著性检验水平，则所有指标都没有通过显著性检验，表明52个子流域的各地表径流营养物浓度总体独立性较好。

表 3-6　地表径流营养物浓度的 Moran's I

指标	Moran's I	Z（Moran's I）	P 值
总氮	0.356	1.287	0.198
硝酸盐氮	0.343	1.243	0.214
氨氮	0.468	1.684	0.092
总磷	0.386	1.418	0.156
COD	0.092	0.385	0.700
BOD_5	0.090	0.375	0.707

利用局部 Moran's I 指数可以分析局部河段水体营养物浓度的空间相关性。由图 3-2 可以看出，呈现“高-高”相关或者“低-低”相关空间分布的采样点很少，绝大部分的河道采样点的水体营养物浓度均表现为不显著相关的局部空间位置邻接关系，仅有个别位置表现出一定的“高-高”相关或者“低-低”相关的空间关系。具体看各个指标，氨氮浓度空间相关的采样点个数最多，达到 8 个；总磷浓度个数最少，仅有 2 个；总氮和硝酸盐氮浓度有 5 个；COD 和 BOD_5浓度也仅有 3 个。总氮和硝酸盐氮浓度在位于丰宁满族自治县的虎什哈镇和天桥镇镇附近的潮河中游河段的采样点，表现出“高-高”相关的关系；氨氮浓度在白河流域的中游段和红河交汇附近的采样点表现出“高-高”相关的关系，反映了该区域氨氮浓度均较高，具有空间自相关性。此外，总氮和硝酸盐氮浓度在白河流域的黑河支流汇流主干的位置表现出“高-低”相关关系。因此，各水质采样点上下游的位置关系并没有明显影响水质指标的空间独立性，各地表径流营养物浓度主要是受各自流域的自然、社会经济特征的影响。

综合上述的总体 Moran's I 和局部 Moran's I 的结果表明，采样点存在上下游的空间邻接关系，一方面各支流的水体营养物浓度是独立的，主要受本子流域的相关特征的影响；而另一方面密云水库上游流域建有云州水库，白河堡水库和遥桥峪水库等大中型水库和 20 余座小型水库，使得多个子流域的上下游关系被切断。同时，各子流域面积较大，在该研究尺度上，各子流域的污染因迁移转化距离较长而衰减较多。因此，部分干流的水体营养物浓度虽然也受上游水体营养物的影响，但是受本子流域的地表特征影响更为剧烈，多表现出不显著相关的局部空间邻接关系。

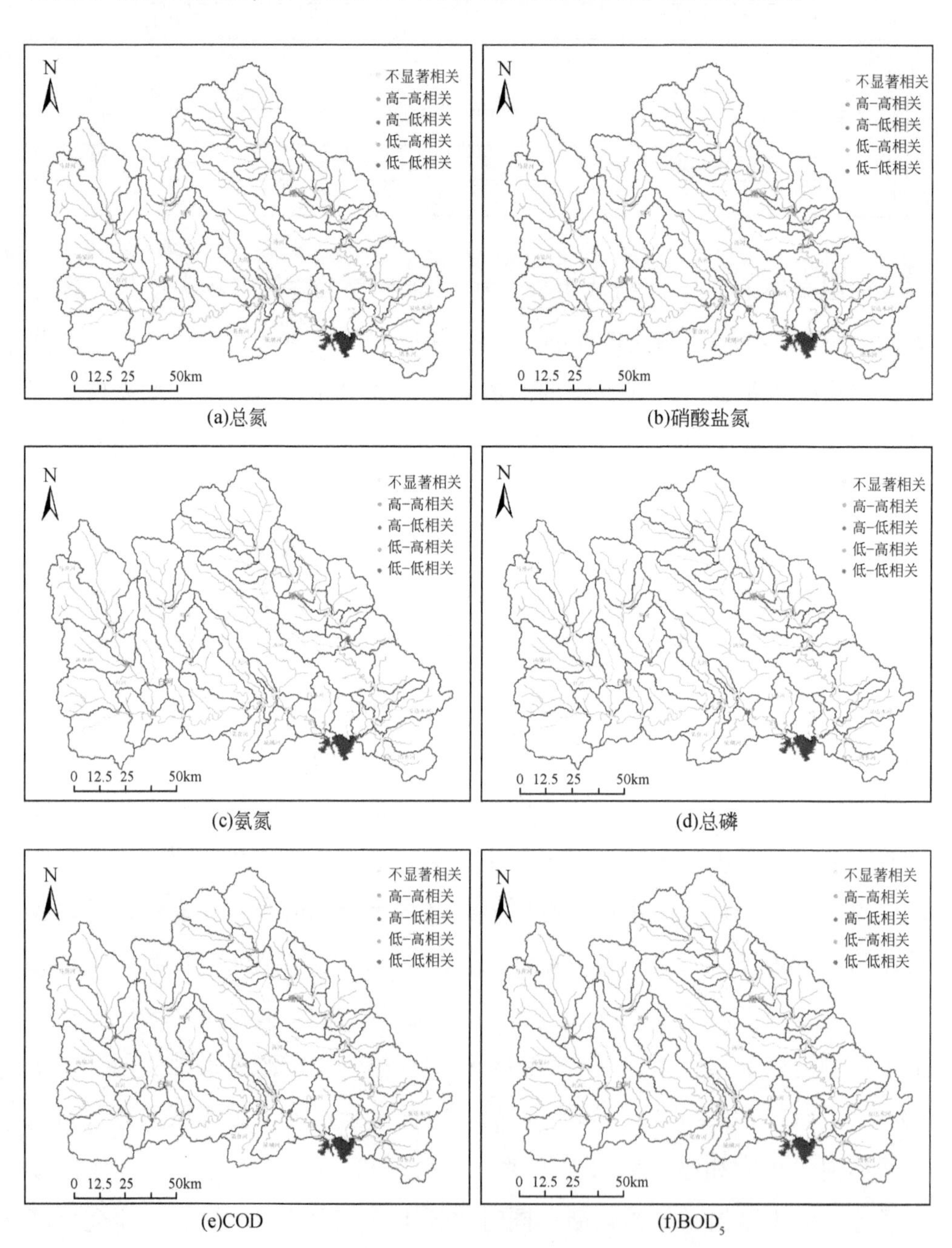

(a)总氮　(b)硝酸盐氮　(c)氨氮　(d)总磷　(e)COD　(f)BOD_5

图 3-2　地表径流营养物浓度局部空间自相关

3.3 流域地表径流营养物浓度时空变异分析

3.3.1 地表径流营养物浓度的空间差异

比较密云水库上游流域的潮河流域和白河流域的地表径流营养物浓度差异，由表3-7可以看出，除氨氮浓度外（潮河流域平均氨氮浓度为0.43 mg/L，低于白河流域的0.61 mg/L），潮河流域其余5项营养物指标的平均浓度皆明显高出白河流域，水体富营养化更为严重。例如，潮河流域的平均总氮浓度达到21.46 mg/L，高出白河流域的16.61 mg/L接近30%，COD浓度更是高出白河流域50%左右。另外，各子流域地表径流营养物浓度之间的相对差异却表现出相反的特征，比较两者的变异系数，白河流域的变异系数更大，表明在空间对比上，各子流域的地表径流营养物浓度差异更为明显。

表3-7　潮河和白河流域的地表径流营养物浓度特征比较

流域	项目	总氮	硝酸盐氮	氨氮	总磷	COD	BOD_5
潮河	均值（mg/L）	21.46	18.82	0.43	0.14	14.71	7.37
	变异系数	0.42	0.42	0.50	0.75	0.47	0.47
白河	均值（mg/L）	16.61	14.44	0.61	0.11	9.81	4.93
	变异系数	0.49	0.51	0.35	0.96	0.77	0.82

比较密云水库上游流域干流和支流的水体营养物浓度特征，可以看出，干流总氮和硝酸盐氮的浓度分别为21.45 mg/L和18.72 mg/L，高于支流的16.96 mg/L和14.82 mg/L；干流氨氮和总磷浓度略高于支流；而干流COD和BOD_5的浓度分别为10.71 mg/L和5.40 mg/L，低于支流的13.32 mg/L和6.67 mg/L（表3-8）。

表 3-8　流域干支流的水体营养物浓度特征比较

流域	项目	总氮	硝酸盐氮	氨氮	总磷	COD	BOD_5
干流	均值（mg/L）	21.45	18.72	0.58	0.15	10.71	5.40
	变异系数	0.41	0.41	0.39	0.80	0.73	0.76
支流	均值（mg/L）	16.96	14.82	0.48	0.10	13.32	6.67
	变异系数	0.50	0.51	0.48	0.86	0.55	0.57

比较密云水库上游流域的总氮和硝酸盐氮、COD 和 BOD_5浓度，上述两组营养物浓度在空间分布上呈现非常相似的特征，其他水体营养物浓度之间则表现出明显的空间分布差异，各子流域每一水体营养物浓度的空间差异则更为明显。

流域所有子流域的 3 个月平均总氮浓度皆为劣Ⅴ类水的水平，潮河流域的总氮和硝酸盐氮浓度高于白河流域，尤其是位于丰宁满族自治县的南关镇、虎什哈镇和天桥镇附近的潮河中游河段总氮和硝酸盐氮污染最为严重，潮河上游的污染较轻；白河流域该两项指标浓度空间分布比较零散，上游的马营河，位于云州乡附近的白河主河道及中游河段污染较为严重，而汤泉河、红河、天河、菜食河和黑河等支流河段的总氮和硝酸盐氮污染较轻；特别是流域下游沿库区河段的总氮和硝酸盐氮浓度相对较低，白河流域的白马河、琉璃河和主河道污染最轻。

密云水库上游流域的氨氮浓度以Ⅱ类和Ⅲ类水为主，潮河流域的氨氮浓度低于白河流域，丰宁满族自治县的塔黄镇和长阁镇附近的潮流中上游河段，滦平区的营盘镇和付家店像附近的潮河下游河段污染较为严重，其余河段氨氮浓度相对较低，多小于0.3 mg/L，皆为Ⅱ类水质；马营河和黑河上游氨氮浓度较低，白河流域的中上游河段氨氮浓度相对较高，汤泉河的浓度达到1.16 mg/L，为所有子流域最高；而密云水库沿库区河段氨氮浓度则处在中等水质水平。

总磷浓度在密云水库上游流域以Ⅱ类水为主，潮河流域的总磷浓度高于白河流域，位于丰宁满族自治县的虎什哈镇、天桥镇、南关镇和长阁镇的潮河中游河段，以及滦平区的巴克什营镇、古城川镇的潮河中下游河段的总磷浓度较高，潮河上游河段总磷浓度相对较低；白河流域黑河、天河、汤河和菜食河等支流的总磷浓度相对较低，其余河段总磷浓度多为中等水质水平，上游的马营河，位于云州乡附近的白河主河道，以及位于密云区古北口镇和高岭镇附近河段的总磷浓度较高，其余沿库区河段总磷浓度较低，尤其是清水河、琉璃河和入库主河道总磷浓度达到或接近Ⅰ类水质水平。

尽管COD和BOD_5浓度在流域的空间分布特征较为接近，但是根据分级标准，COD以Ⅰ类和Ⅱ类水为主，BOD_5以Ⅲ类和Ⅳ类水为主，潮河流域的COD和BOD_5浓度高于白河流域。丰宁满族自治县的虎什哈镇和天桥镇附近的潮河中游河段，以及位于土城子镇、张百万镇、上黄旗镇和乐国镇的潮河上游河段的COD和BOD_5浓度较高，污染较为严重；白河流域COD和BOD_5浓度总体较低，只有白河上游的马营河和位于云州乡、赤城县附近的河段污染较为严重；密云水库沿库区河段的COD和BOD_5浓度较高，只有白马河、琉璃河和入库主河道的污染较轻。

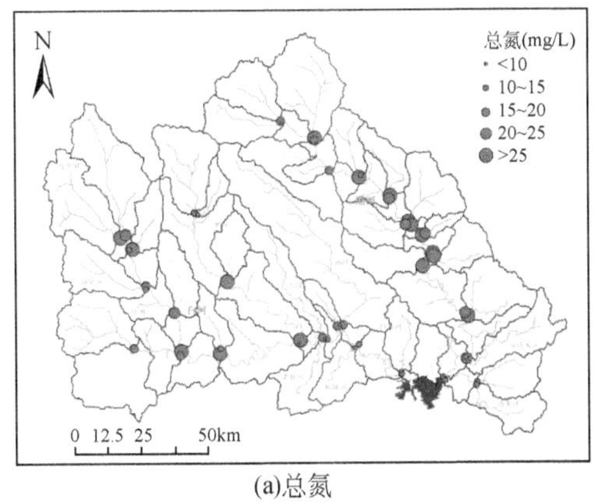

(a)总氮

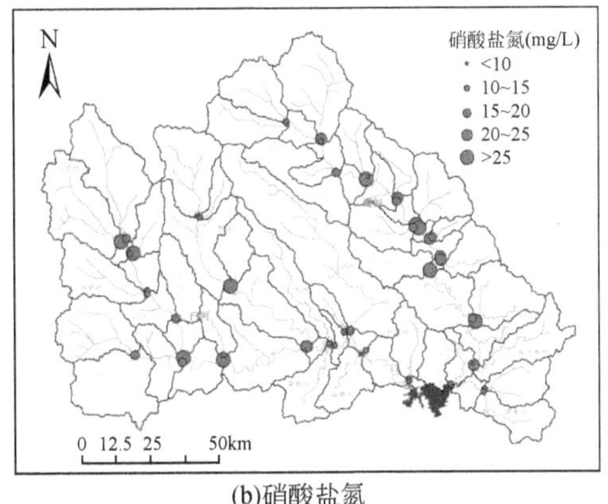

(b)硝酸盐氮

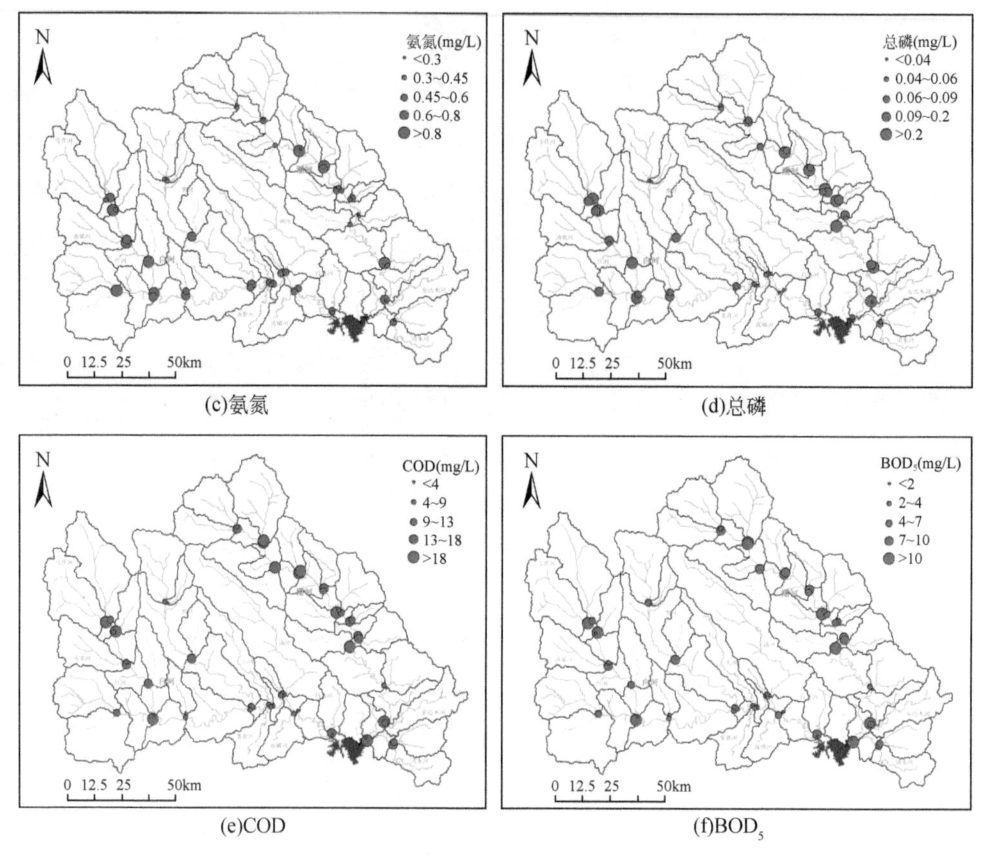

(c)氨氮　(d)总磷

(e)COD　(f)BOD_5

图 3-3　地表径流营养物浓度空间分布

数据来源：Xu et al. 2016。

3.3.2　地表径流营养物浓度的时间差异

由图 3-4 ~ 图 3-9 进行各子流域地表径流营养物浓度 7 ~ 9 月的相对差异分析，可以看出，除氨氮外，其余 5 个水体营养物浓度的空间变异有较好的一致性，在这 3 个月之间，仅个别子流域的水体营养物浓度变化幅度较为剧烈。

具体来看，总氮和硝酸盐氮浓度 7 ~ 9 月逐渐增加，且各子流域增加的幅度较为一致，空间差异波动最小，除 7 ~ 8 月，白河流域的马营河总氮和硝酸盐氮浓度有较大幅度的增加外，其余子流域的空间差异基本保持一致，潮河流域浓度明显高于白河流域。

氨氮浓度的空间变异最为剧烈，7～8 月，潮河流域中游和上游氨氮浓度有明显的增加，白河流域较为稳定；而 8～9 月，整个流域的氨氮浓度有明显的下降，但下降的幅度在空间差异上又有明显不同，白河流域的红河，马营河和汤泉河较 8 月又有更大幅度的下降。

7～8 月，各子流域的总磷浓度的空间差异基本一致，在潮河上游有较大幅度的下降，而马营河则有较明显的增加；8～9 月，白河流域总磷浓度有明显的下降，只有潮河中下游在 8 月的总磷浓度较大的河段基本不变，导致空间差异有较为明显的变化，而其他子流域总磷浓度的空间差异则变化较小。

白河流域的 COD 和 BOD_5 浓度 7～8 月的增加幅度较为一致，仅有黑河、马营河和汤泉河河道的增加幅度高于其他河段，但 8～9 月，这几条河道相较其他河段又有明显的下降，而潮河流域在中上游段的 COD 和 BOD_5 浓度又有一定幅度的增加，COD 和 BOD_5 浓度的变化存在较明显的空间差异。

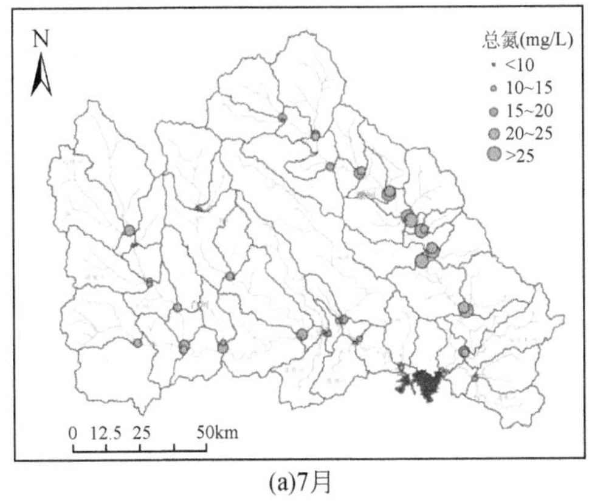

(a)7月

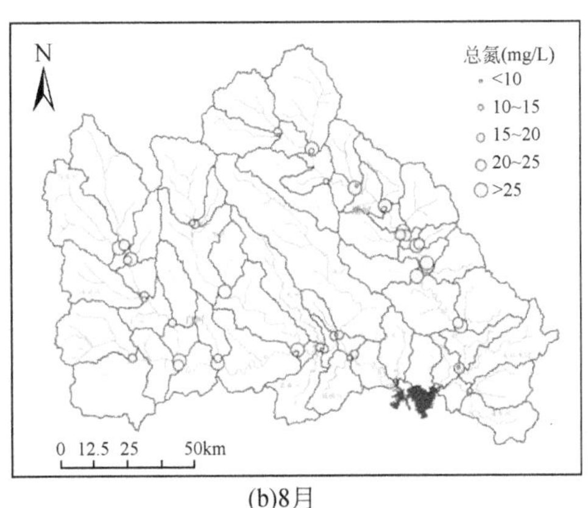

(b)8月

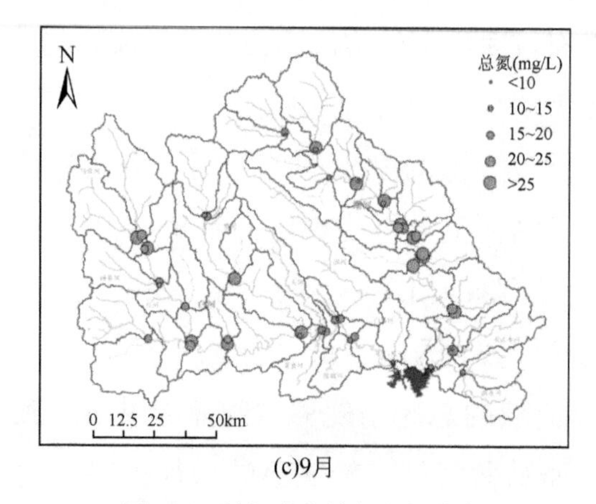

(c)9月

图 3-4 总氮浓度特征空间分布

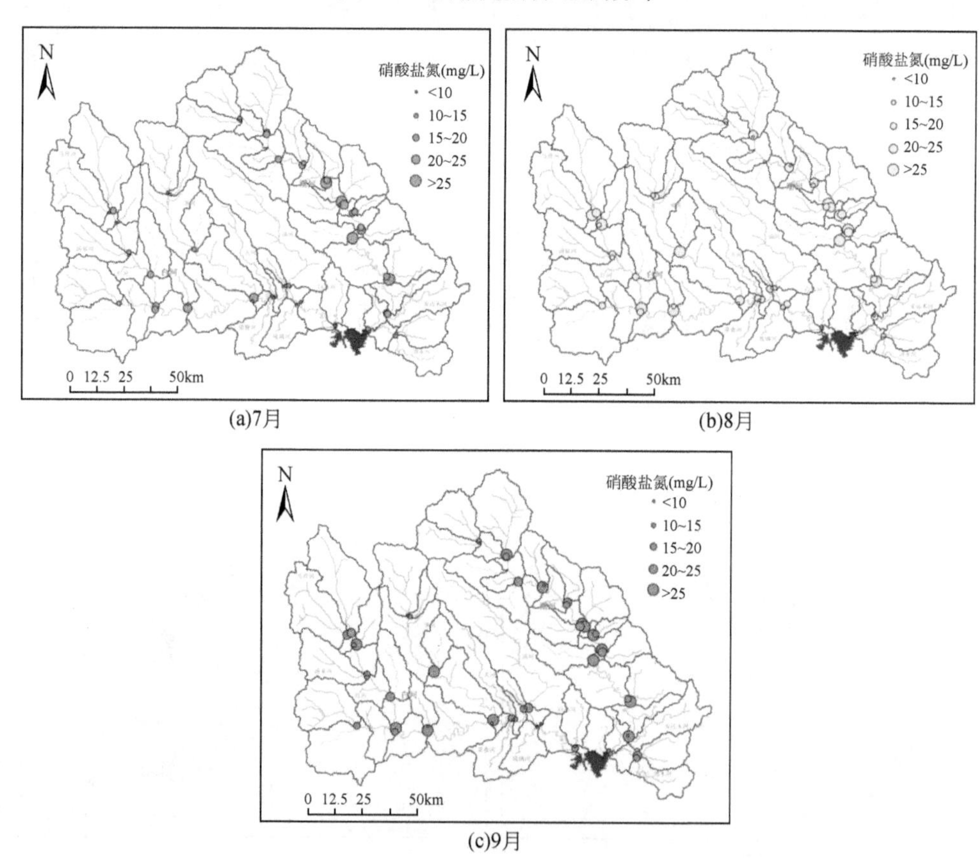

(a)7月 (b)8月

(c)9月

图 3-5 硝酸盐氮浓度特征空间分布

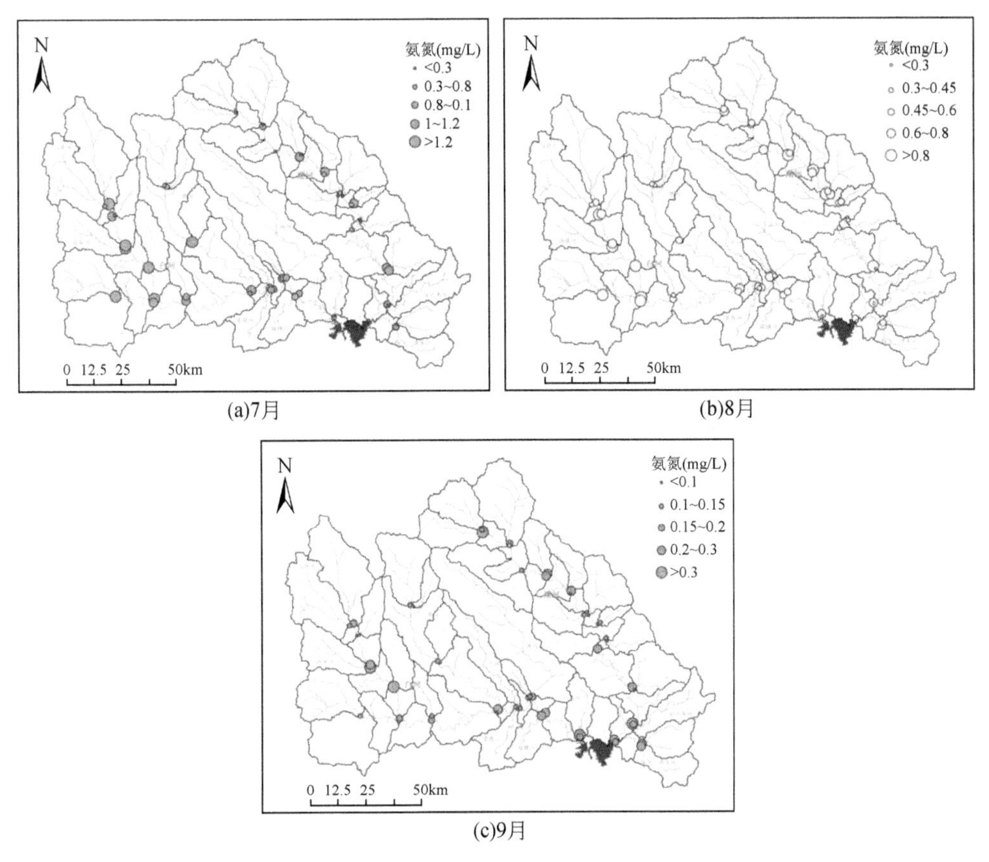

(a)7月　(b)8月

(c)9月

图 3-6　氨氮浓度特征空间分布

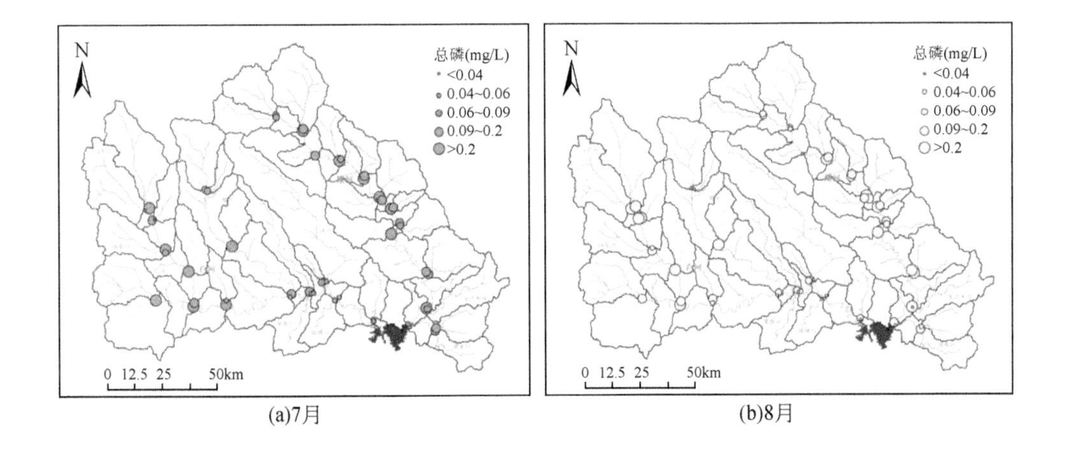

(a)7月　(b)8月

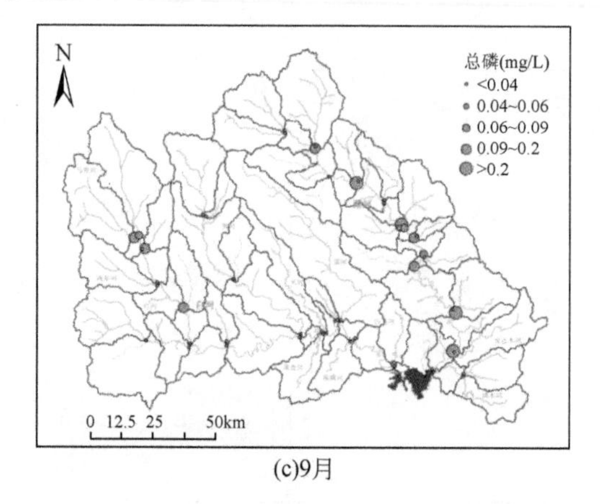

(c)9月

图 3-7　总磷浓度特征空间分布

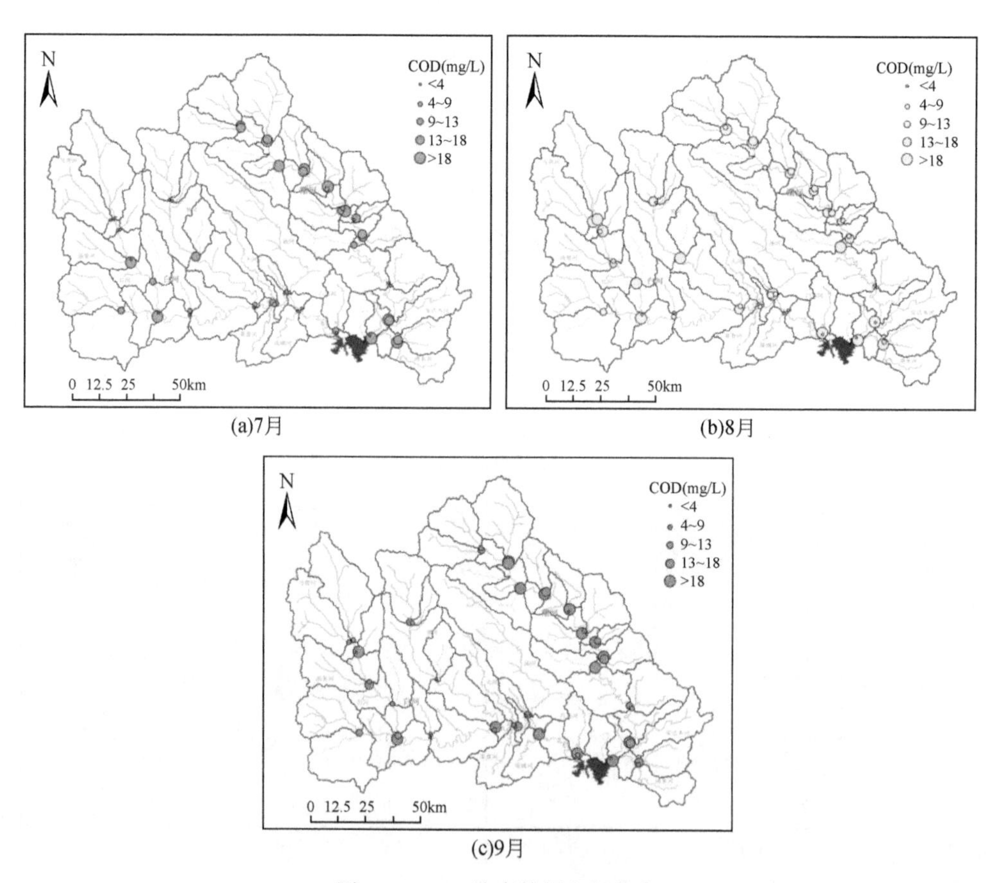

(a)7月　(b)8月

(c)9月

图 3-8　COD 浓度特征空间分布

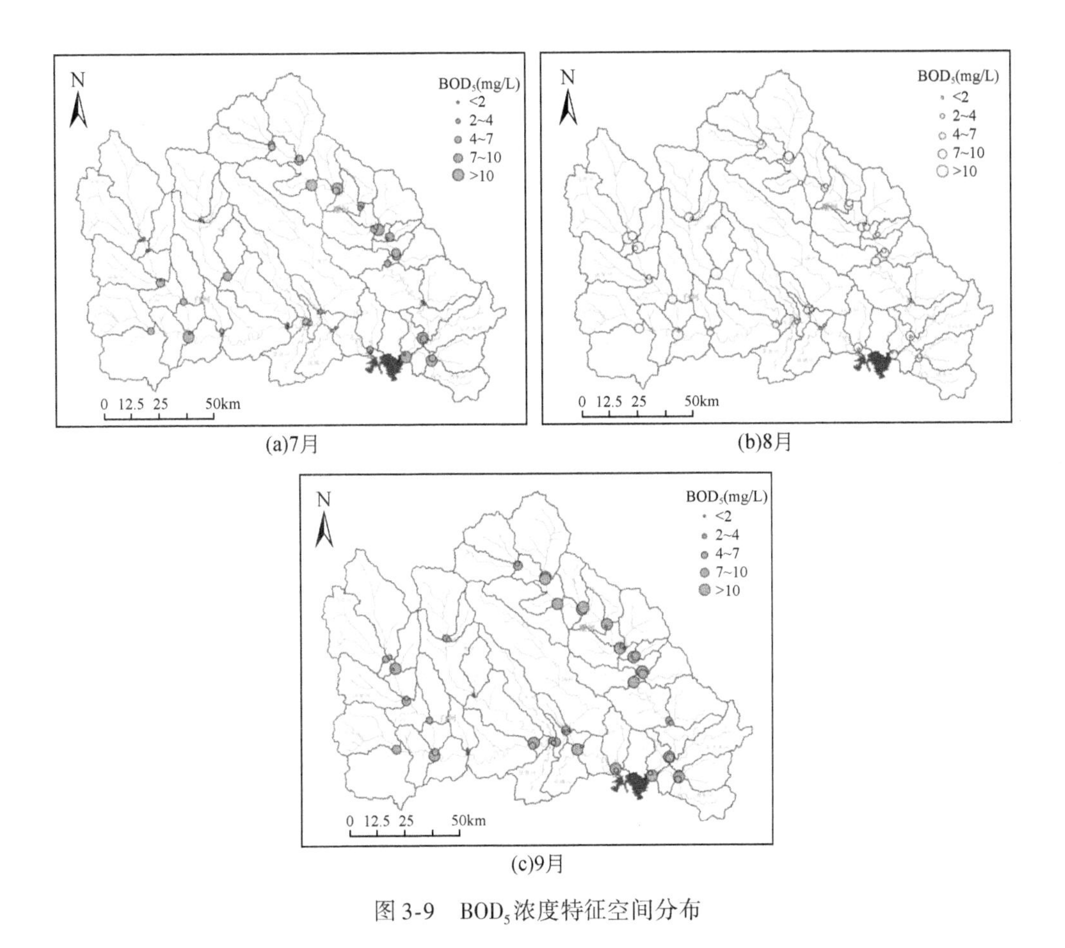

(a)7月　(b)8月

(c)9月

图 3-9　BOD_5浓度特征空间分布

3.4　流域水体营养化水平综合评价

本书采用 6 项水体营养物浓度来综合表征流域水体的无机污染和有机污染情况。通过上述分析，各项水体营养物浓度在空间上也表现出明显的差异性，单项水质指标不能反映流域水体富营养化的全部特征。因此，本章采用因子分析方法，对多项水体营养物浓度数据进行降维处理。为使具有较大因子载荷量的变量个数减到最低限度，本章采用方差最大的正交旋转，选择特征根大于的 1 的特征值（Pekey et al. ，2004），研究共提取了 3

个因子，累积方差贡献率为93.13%，即该三个因子能够解释原始的6项指标的93.13%的差异（表3-9）。

表3-9　因子分析的特征根

成分	初始特征值		
	合计	方差贡献率（%）	累积（%）
1	2.354	39.227	39.227
2	2.069	34.477	73.704
3	1.166	19.428	93.132
4	0.401	6.690	99.821
5	0.008	0.134	99.956
6	0.003	0.044	100.000

由表3-10分析提取的3个因子和6个水质指标的因子载荷矩阵，可以判断每个因子和各水体营养物浓度的相关程度，绝对值越大则相关程度越大，正值表示正相关，负值则表示负相关。根据Liu等（2003）的研究，可将因子载荷分为三个区间：>0.75，0.50～0.75，0.30～0.50，分别可表示强相关、中等相关和弱相关（Liu et al.，2003）。因此，本书提取的因子1主要与总氮、硝酸盐氮和总磷浓度相关，因子2与COD和BOD_5浓度相关，因子3则是主要解释了氨氮浓度的变异。

表3-10　因子载荷矩阵

项目	因子		
	1	2	3
总氮	0.983	0.074	-0.013
硝酸盐氮	0.984	0.085	-0.033
氨氮	-0.031	-0.083	0.957
总磷	0.627	0.312	0.498
COD	0.089	0.992	-0.005
BOD_5	0.137	0.984	-0.025

利用上述因子载荷矩阵，可对原水质指标矩阵进行降维处理，计算出每个采样点的因子得分，因子得分的数值越高，表明与该因子得分相关的指标值越大，反之则越小，如果得分为负值，则表明相应的指标数值相对较低。因此，因子 1 得分越高，则总氮、硝酸盐氮和总磷浓度越高；因子 2 得分越高，则 COD 和 BOD_5浓度越高，因子 3 得分越高，则氨氮浓度越高。

根据上述的结果，本书提取因子 1 得分、因子 2 得分和因子 3 得分，并分别置于 X 轴、Y 轴和 Z 轴，生成 3D 散点图，通过散点位于该三维坐标的位置，可以直观地判断各采样点水体营养化水平的总体情况。由图 3-10 可以看出，位于方框位置的编号为 24、26、27、40、41、43、44、45、46、48、49、50 和 51 的子流域的因子 1 得分，因子 2 得分和因子 3 得分皆为负值，表明各项水体营养物浓度在所有水样中的浓度相对较低，各采样点所在的流域是密云水库上游流域富营养化较轻的地区，各因子得分绝对值越大，表明该区域的水体富营养化越轻。白河流域的菜食河段位于该坐标轴的最外侧，表明该流域是各流域中水质污染最轻的；其他污染较轻的子流域河段还包括位于丰宁满族自治县小坝子镇的潮河流域上游的河段，白河流域的黑河上游、天河、汤河、琉璃河及白河主河道下游河段。总的来讲，白河流域水质污染较轻的河段明显多于潮河流域，且污染较轻的多是支流及河道上游。

与图 3-10 中上述象限相对的是因子 1 得分、因子 2 得分和因子 3 得分皆为正值的区域，是各水体营养物浓度相对较高的地区。从图中可以发现该区域散点较少，仅为编号为 18、20、28 和 29 的四个子流域，并且除位于潮河中上游主河道南关镇附近的 20 号子流域外，其余子流域尽管得分为正值，绝对值却较低，表明密云水库上游流域所有水质指标均达到严重污染程度的很少。因此，本书将因子得分 1、2 和 3 求和，并排序，识别了两类污染较为严重的子流域。结合图 3-10（b）和图 3-10（c），这两类子流域主要位于图 3-10（a）中坐标象限的外沿，且少数水体营养物浓度较低但是其余指标浓度较高的样本，第一类包括编号为 6、20、29、30、

36 和 37 的子流域，具体位置如下：编号 6 包括虎什哈镇和天桥镇附近的潮河中游河段子流域，编号 20 为潮河中上游主河道南关镇附近的子流域，编号为 29 的为赤城县城附近的白河中上游河段子流域，编号为 30 的为汤泉河子流域，编号为 36 和 37 的为红河与白河主干交汇的子流域，其 COD、BOD_5 和氨氮浓度较高，污染严重；而编号为 10、33 和 35 的子流域则是除氨氮浓度外，总氮、硝酸盐氮、总磷、COD 和 BOD_5 的浓度污染严重。可以看出，营养物浓度较高的流域在潮河和白河流域皆有分布，多位于流域的中游河段。

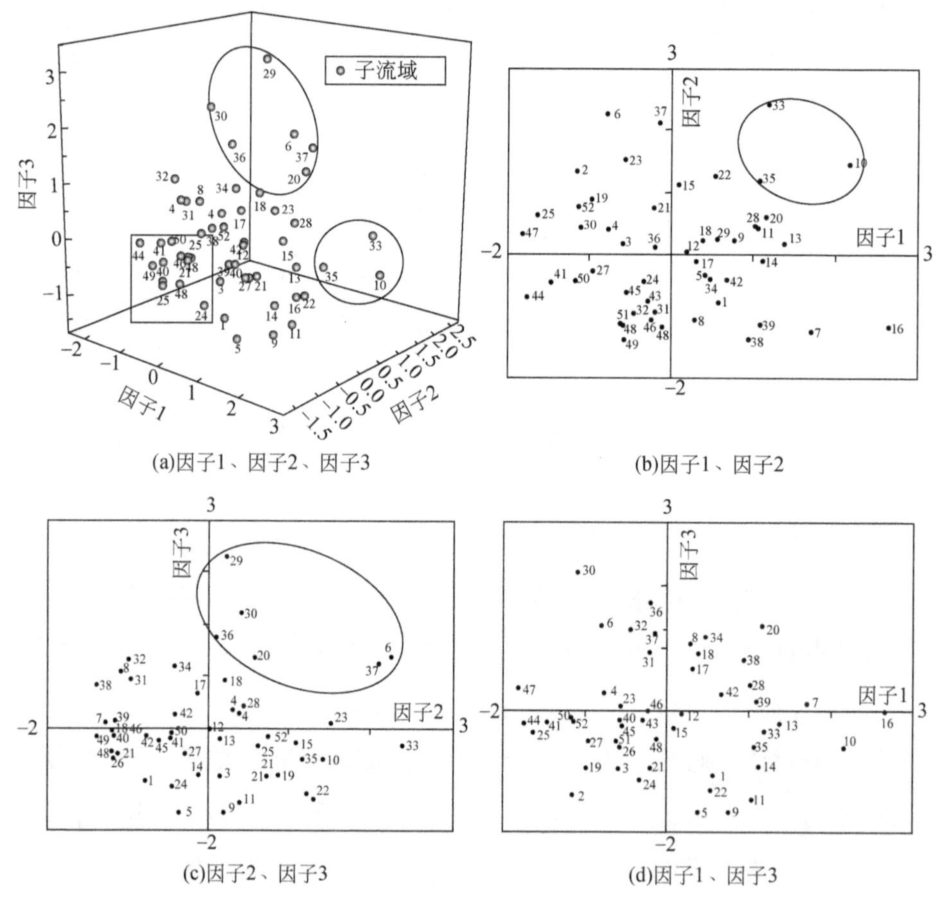

(a)因子1、因子2、因子3　　(b)因子1、因子2

(c)因子2、因子3　　(d)因子1、因子3

图 3-10　水质污染因子分析三维散点图

数据来源：Xu et al. 2016。

本章通过经典统计分析和 GIS 空间分析法，对密云水库上游流域 52 个子流域水质监测断面的营养物浓度进行时空变异特征分析。通过 Alpha 信度系数检验，除氨氮外，各子流域的总氮、硝酸盐氮、总磷、COD 和 BOD_5浓度 7 ~ 9 月一致性较好，可反映该流域雨季的水体营养化水平特征。地表径流营养物浓度的总体 Moran's I 和局部 Moran's I 表明，各子流域水体营养物浓度空间独立性较好。从污染水平上看，流域水体富营养化状况不容乐观，其中以总氮污染最为严重，为劣Ⅴ类水的水平，硝酸盐氮污染次之，BOD_5 以Ⅲ类和Ⅳ类为主，氨氮以Ⅱ类和Ⅲ类水质等级为主，总磷和 COD 污染较轻。从时间变化上看，总氮、硝酸盐氮、COD 和 BOD_5 浓度呈现随时间增加的趋势，而氨氮和总磷浓度则呈现减少的趋势。在空间分布上，潮河流域水质污染明显高于白河流域，流域上游和下游总体污染较轻，主要包括丰宁满族自治县小坝子镇的潮河流域上游河段，白河流域的黑河上游、天河、汤河、琉璃河及白河主河道下游河段。流域中游污染最为严重，包括南关镇、虎什哈镇和天桥镇附近的潮河中游河段和红河与白河主干交汇的白河流域中段的水质污染需重点控制。

第4章　土地利用输出源强对地表径流营养物浓度的影响

土地利用数量结构与地表径流营养物浓度的关系是分析土地利用对水质污染影响的基础，本章基于2013年解译的土地利用现状图，分析各子流域耕地、林地、草地和城乡居住用地比例与水体中营养物浓度的关系。在此基础上，考虑到以往的研究对同一类型的土地利用不再区分，将土地利用类型作为营养物输出源强差异的依据，本章结合土地利用现状图和乡镇统计年鉴数据，对耕地、草地和城乡居住用地的利用强度进行量化和空间化表达，探讨土地利用强度空间差异对水体中营养物输出的影响。

4.1　土地利用强度空间表达思路

密云水库上游的水体污染物主要来源于以下几个方面：一是农业生产，这其中包括化肥、农药、农膜等；二是农村生活垃圾及污水；三是畜禽养殖业的粪便（王晓燕等，2009a）。土地利用作为人类活动的承载，类型的差异反映了承载不同污染源的差异。然而，在各个流域中人类活动的利用强度是不同的，这样就造成即便是相同的土地利用类型，对流域水质的影响也存在差异，如单位耕地面积的化肥施用量增加，单位草地面积的牲畜量增加，单位城乡居住用地的畜禽量、人口量增加等，都会使这些作为污染物输出的源强增加。因此，区分同一土地利用类型的利用强度，才能更为准确地表征土地利用对地表径流营养物浓度的影响。

土地利用强度通过单位面积土地的社会经济投入和产出的差异来量化（Erb，2012），本书从土地利用对水体营养物影响的角度出发，将土地利用强度定义为土地利用输出营养物强度或者水平的差异，以便于分析土地利用与水体富营养化的关系。土地利用强度的量化和空间化的表达方法思路如图4-1所示，在乡镇单元内，空间统计其土地利用数量结构，将相关的社会经济数据赋值各土地利用类型，从而计算栅格单元的土地利用强度，最后，在子流域单元内，耦合土地利用数量和强度，深入探讨土地利用对水体营养物的影响。具体如下。

1）基于土地利用现状图，提取特定的土地利用类型的空间分布。

2）在乡镇边界范围内，基于GIS空间统计，利用土地利用现状图，计算乡镇单元的土地利用比例。

3）通过搜集密云水库上游流域所在的河北省丰宁满族自治县、滦平区、承德县、沽源县、崇礼区、宣化区和北京市延庆区、怀柔区和密云区的64个乡镇的2012年社会经济统计年鉴，将化肥施用量、畜禽养殖量和人口量分别赋值到各乡镇边界范围内的相应类型土地利用上。

4）基于化肥、畜禽生产和人口等数据，结合经验参数和土地利用现状图，计算栅格单元的土地利用强度，估算研究区内各子流域的单位耕地面积的化肥物施用量，单位草地面积的载畜量，单位城乡居住用地面积的畜禽饲养量、人口承载量，刻画不同子流域耕地、草地和城乡居住用地利用强度的差异。

5）叠置子流域边界图，耦合土地利用数量和强度，综合计算新的土地利用指标，用以分析土地利用和地表径流营养物浓度的关系。

其中，位于流域边缘的部分乡镇因其在流域范围内的面积占乡镇总面积的比重很低，该范围的土地利用强度以相邻乡镇的数据替代。

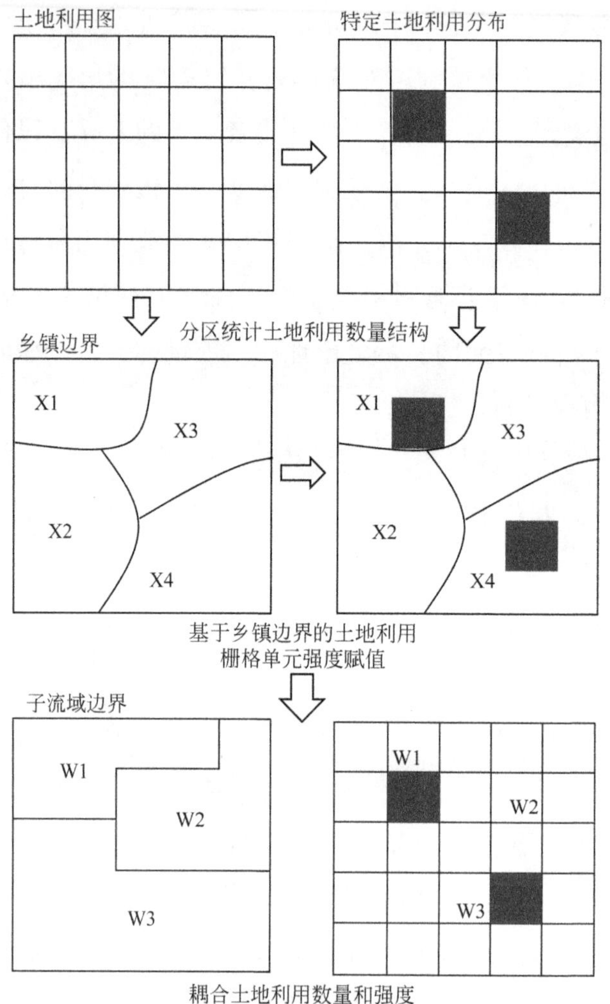

图 4-1　土地利用强度量化和空间化表达的示意图

数据来源：Xu and Zhang. 2016a。

4.1.1　单位耕地面积的氮磷施用量计算

根据统计年鉴中的化肥折纯施用量，通过不同化肥类型的氮、磷含量的经验转换系数，可计算相应的总氮和总磷的净施用量，计算公式如下（王桂玲等，2004）：

$$TN = FN + FP \times 0.185 + MF \times 0.3 \tag{4.1}$$

$$TP = FP + MF \times 0.3 \tag{4.2}$$

式（4.1）中，TN 为乡镇单元氮施用量，kg；FN、FP 和 MF 分别为氮肥、磷肥和复合肥施用量，kg；0.185 和 0.3 则是相应的磷肥和复合肥中的含氮比例。式（4.2）中 TP 为总磷量，kg；FP 和 MF 同式（4.1）；0.3 则是复合肥中的含磷比例。

利用式（4.1）和式（4.2）可计算得出各乡镇的总氮和总磷施用量，结合相应乡镇的耕地面积，可计算单位耕地面积的总氮和总磷施用量，表征耕地的利用强度，以反映氮磷营养物输出的差异。计算公式如下：

$$I_{\mathrm{a}}^{i} = \frac{T}{A_{\mathrm{a}}} \tag{4.3}$$

式中，I_{a}^{i} 为单位耕地面积的氮/磷施用量，kg/hm^2，其中 i 可表示不同的营养物，包括总氮和总磷；A_{a} 为乡镇单元的耕地面积，hm^2。

4.1.2　单位草地面积的载畜量计算

根据研究区的牲畜养殖情况，草地输出的污染物主要来源于牛羊饲养，考虑到牛羊的污染物输出强度不同，需要根据污染物输出强度对牲畜饲养量进行均一化处理，按照前人在密云水库流域（耿润哲等，2013）及其他地区的研究结果（邢妍，2011；刘文妍，2014），本书汇总了牲畜的污染物输出系数，结果见表 4-1，以羊作为当量，计算相应的换算系数，见表 4-2。

表 4-1　牲畜的污染物输出系数　［单位：kg／（a・只）］

污染物	牛	羊
总氮（耿润哲等，2013）	7.36	1.4
氨氮（邢妍，2011）	10.21	4
总磷（耿润哲等，2013）	0.31	0.045
COD（刘文妍，2014）	630.10	19

数据来源：Xu and Zhang. 2016a。

表 4-2　牲畜的排污差异换算系数

污染物	牛	羊
总氮	5.26	1.00
氨氮	2.55	1.00
总磷	6.89	1.00
COD	33.16	1.00

数据来源：Xu and Zhang. 2016a。

根据不同牲畜排污系数（表 4-2）的比值将所有牛数量换算为羊单位，基于不同排污差异统计的乡镇羊单位总量。计算公式如下：

$$S_i = C_c^i \times \text{Cow} + \text{Sheep} \tag{4.4}$$

式中，S_i 为折算的羊单位总量，只；其中，i 可表示不同的营养物，包括总氮、氨氮、总磷和 COD；C_c^i 是指表 4-2 中的以羊作为当量，牛饲养量对 i 种营养物的排污差异换算系数；Cow 和 Sheep 为牛和羊饲养数量，用年末存栏数表征（朱梅等 2010），只。

利用式（4.4）可计算各乡镇基于污染物输出强度的羊单位总量，结合相应乡镇的草地面积，可计算单位草地面积的总氮、氨氮，总磷和 COD 排放量，表征草地的利用强度，以反映营养物输出的差异。计算公式如下：

$$I_g^i = \frac{S_i}{A_g} \tag{4.5}$$

式中，I_g^i 是单位草地面积的载畜量，羊单位/hm^2；其中，i 可表示不同的营养物，包括总氮、氨氮、总磷和 COD；S_i 为折算的羊单位总量，计算方法见式（4.4）；A_g 为乡镇单元的草地面积，hm^2。

4.1.3　单位城乡居住用地面积的利用强度计算

城乡居住用地输出的污染物主要来源于畜禽养殖业的粪便及农村生活

垃圾和污水，因此，本书以单位城乡居住用地面积的畜禽饲养量和人口承载量来表征单位城乡居住用地面积的利用强度。

城乡居住用地畜禽养殖业的污染主要来源于猪和家禽，类似于单位草地面积载畜量的计算方法，本书考虑到猪和家禽的污染物输出强度不同，根据污染物输出强度对畜禽饲养量进行均一化处理，按照前人在密云水库流域（耿润哲等，2013）及其他地区的研究结果（邢妍，2011；刘文妍，2014），汇总畜禽的污染物输出系数，结果见表4-3，以家禽作为当量，计算相应的换算系数，见表4-4。

表4-3　畜禽的污染物输出系数　［单位：kg／（a·只）］

污染物	猪	家禽
总氮（耿润哲等，2013）	0.41	0.071
氨氮（邢妍，2011）	0.74	0.04
总磷（耿润哲等，2013）	0.15	0.004
COD（刘文妍，2014）	72.3	1.3

数据来源：Xu and Zhang. 2016a。

表4-4　畜禽的排污差异换算系数

污染物	猪	家禽
总氮	5.77	1.00
氨氮	18.50	1.00
总磷	37.50	1.00
COD	55.62	1.00

数据来源：Xu and Zhang. 2016a。

根据不同畜禽排污系数（表4-4）的比值将所有猪数量换算为家禽单位，基于不同排污差异统计的乡镇家禽单位总量。计算公式如下：

$$L_i = C_p^i \times \text{Pig} + \text{Poultry} \tag{4.6}$$

式中，L_i 为折算的家禽单位总量，只，其中，i 可表示不同的营养物，包括总氮、氨氮、总磷和COD；C_p^i 指表4-2中的以家禽作为当量，猪饲养量对 i 种营养物的排污差异换算系数；Pig和Poultry分别为猪和家禽饲养数量，用年末出栏数表征（朱梅等，2010），只。

利用式（4.6）可计算各乡镇基于污染物输出强度的家禽单位总量，结合相应乡镇的城乡居住用地面积，可计算单位城乡居住用地面积的总氮、氨氮、总磷和COD排放量，表征城乡居住用地面积的生产养殖的污染物排放强度。计算公式如下：

$$I_{rl}^{i} = \frac{L_i}{A_r} \tag{4.7}$$

式中，I_{rl}^{i} 为单位城乡居住用地面积的畜禽饲养量，只/hm^2，其中，i 可表示不同的营养物，包括总氮、氨氮、总磷和COD；L_i 为折算的家禽单位总量，计算方法见式（4.6）；A_r 为乡镇单元的城乡居住用地面积，hm^2。

同时，利用统计年鉴中各乡镇人口数量，结合相应乡镇的城乡居住用地面积，可计算单位城乡居住用地面积的人口承载量，表征城乡居住用地的生活垃圾及污水排放强度，以反映营养物输出的差异。计算公式如下：

$$I_{rp} = \frac{P}{A_r} \tag{4.8}$$

式中，I_{rp} 为单位城乡居住用地面积的人口承载量，人/hm^2；P 为统计年鉴中的乡镇人口数量，人；A_r 为乡镇单元的城乡居住用地面积，hm^2。

根据不同污染源的输出系数的不同（表4-3和表4-5），可综合单位城乡居住用地面积的畜禽饲养量和人口承载量以表征单位城乡居住用地面积的利用强度，其计算公式如下：

$$I_{r}^{i} = (E_{l}^{i} \times I_{rl}^{i} + E_{p}^{i} \times I_{rp}) \times U \tag{4.9}$$

式中，I_{r}^{i} 为单位城乡居住用地面积的利用强度，kg/hm^2；i 可表示不同的营养物，包括总氮、氨氮、总磷和COD；E_{l}^{i} 为家禽对应 i 种污染物输出系数（表4-3），kg/（a·只）；I_{rl}^{i} 为单位城乡居住用地面积的畜禽饲养量，只/hm^2，计算方法见式（4.7）；E_{p}^{i} 为人对应 i 种污染物输出系数（表4-5），kg/（a·人）；I_{rp} 为单位城乡居住用地面积的人口承载量，人/hm^2，计算方法见式（4.8）；U 为量纲转化，U=1a。

表 4-5　城乡生活的污染物输出系数［单位：kg/（a·人）］

污染物	系数
总氮（耿润哲等，2013）	2.83
氨氮（邢妍，2011）	2.14
总磷（耿润哲等，2013）	0.89
COD（刘文妍，2014）	21

数据来源：Xu and Zhang. 2016a。

4.1.4　流域单元的单位土地利用强度计算

将上述单位土地利用强度以乡镇单元为边界（图 4-2）进行空间离散化，通过土地利用图的相应土地利用类型可提取耕地、草地和城乡居住用地每个栅格单元的土地利用强度，再叠加子流域边界，可计算各子流域单元的单位土地利用强度。计算公式如下：

$$I_k^i = \frac{\sum_{j=1}^{n} I_j^i \times N_j}{\sum_{j=1}^{n} N_j} \tag{4.10}$$

式中，I_k^i 为子流域单元的单位土地利用强度，可分别计算单位耕地、草地和城乡居住用地面积的利用强度。其中，i 表示不同的营养物，包括总氮、氨氮、总磷和 COD，k 表示不同土地利用类型，包括耕地、草地和城乡居住用地；I_j^i 为在子流域范围内的 j 个乡镇的单位土地利用强度，包括上述计算的 I_a^i、I_g^i 和 I_r；j 为子流域内的乡镇个数；N_j 则是 i 种营养物相应的第 j 个乡镇落在该流域范围内的某一土地利用类型的栅格个数。I_k^i 和 I_j^i 单位与相应的 I_a^i、I_g^i 或者 I_r 相同。

4.1.5　耦合土地利用强度的流域土地利用比例计算

单位土地利用强度的差异表征了单位土地利用营养物输出强度的差

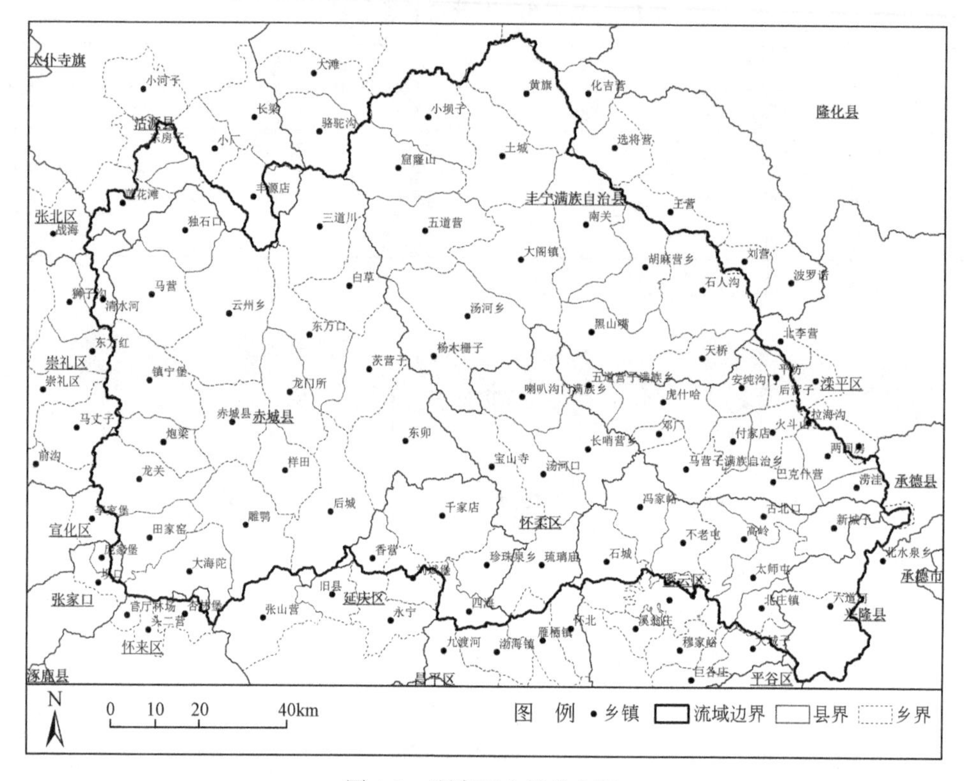

图 4-2 研究区乡镇分布图

异，结合子流域的土地利用比例，可以量化每个子流域单一土地利用类型的营养物总输出的差异。所谓调整的土地利用比例，就是指未纳入任何信息时，同一类型土地利用栅格对水体营养物的贡献是均质的，可以认为皆是1；在纳入相应信息之后，每一土地利用栅格对水体营养物的贡献变为非均质，最终，以子流域单元统计每一土地利用比例的结果被土地利用相关信息所“调整”。计算公式如下：

$$P^{I}_{(i,\ k)} = \frac{\sum_{j=1}^{n} I_j^i \times N_j}{N} \tag{4.11}$$

式中，$P^{I}_{(i,\ k)}$ 为耦合土地利用强度调整的土地利用比例；k 表示不同土地利用类型，包括耕地、草地和城乡居住用地；i 表示不同营养物，包括总氮、氨氮、总磷和 COD；I_j^i 为子流域中栅格单元对应的单位土地利用强度；N_j 为相应土地利用类型的栅格总数。

4.2　土地利用比例对地表径流营养物浓度的影响

4.2.1　土地利用解译验证及结果

通过人工目视解译得到 2013 年密云水库上游流域的土地利用现状图（图 4-3）。基于野外定位的遥感验证标志和 Google Earth 部分高精度影像的总共 910 个验证标志，对解译的土地利用现状进行验证。表 4-6 和表 4-7 给出了土地利用解译结果的评价精度，Kappa 信度系数达到 0. 902，总体分类精度达到 91. 70%，各土地利用类型平均精度最小为 85. 35%，最大为 94. 95%，都达到较高的分类精度，可以进行后续的分析。

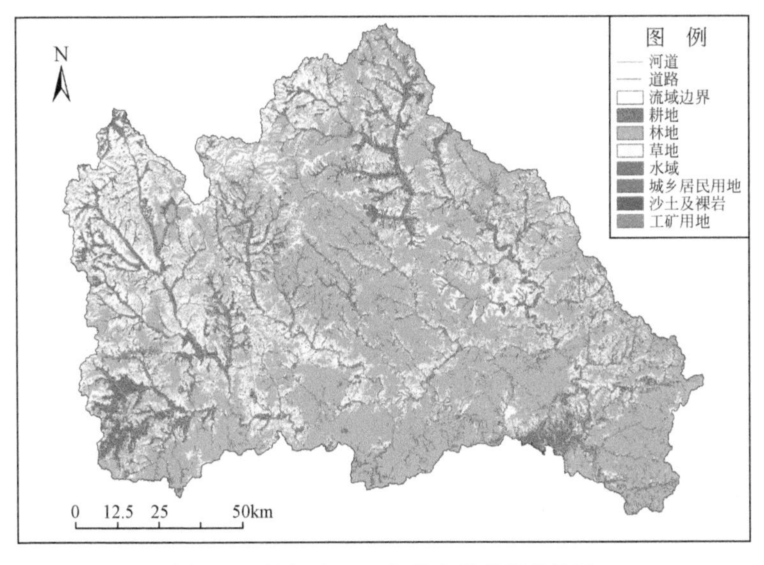

图 4-3　研究区 2013 年的土地利用现状图

数据来源：Xu and Zhang. 2016a。

表 4-6　土地利用遥感解译结果的混淆矩阵

参考影像	被评价影像							
	耕地	林地	草地	水域	城乡居住用地	未利用地	工矿用地	道路
耕地	161	0	5	0	3	0	0	0
林地	0	197	13	3	0	0	0	0
草地	6	16	184	0	0	0	0	0
水域	0	2	0	40	0	0	0	0
城乡居住用地	5	0	0	0	93	2	0	2
未利用地	0	2	0	0	0	32	2	2
工矿用地	0	0	0	0	3	2	56	2
道路	0	0	0	0	2	1	2	72

表 4-7　土地利用遥感解译结果的分类精度　（单位：%）

土地类型	制图精度	用户精度	平均精度
耕地	95.30	93.60	94.45
林地	92.50	90.80	91.65
草地	89.30	91.10	90.20
水域	95.20	93.00	94.10
城乡居住用地	91.20	92.10	91.65
未利用地	84.20	86.50	85.35
工矿用地	88.90	93.30	91.10
道路	93.50	92.30	92.90
Kappa 系数=0.902		总体精度=91.70%	

数据来源：Xu and Zhang. 2016a。

研究区域内土地利用方式以林地、草地和耕地为主，3 类用地面积合占总面积的 96.3%。其中，林地面积最大、分布范围较广，面积约为 8983 km^2，占研究区土地总面积的 56.9%；草地次之，面积达到 3962 km^2，占研究区土地面积的 25.1%；而耕地面积达到 2257 km^2，占研究区土地面积的比重为 14.3%；城乡居住用地比重也达到了 1.3%；水域、工矿用地、道路面积和未利用地的比例较低，分别为 0.8%、0.8%、0.5%

和0.3%。在空间分布上，耕地和城乡居住用地集中分布在河谷附近，而林地的分布则远离河道，草地在各子流域内部的分布相对较为均匀，其他用地面积比重小，空间分布也更为细碎和零散。

研究区内各子流域中耕地、林地、草地所占比重较大，加之人类生产活动对流域的地表径流营养物都有很大的影响，因此在分析不同土地利用类型对水质污染的影响时，主要探讨耕地、林地、草地和居民用地对研究区地表径流营养物浓度的影响，水域、工矿用地、道路面积和未利用地四类用地均用其他用地表示，不再做区分。将子流域分布图（图2-4）与土地利用现状图（图4-3）叠加，可以得到各个采样子流域的土地利用数据。利用ArcGIS中的zonal statistics功能，统计出各个子流域各种土地利用类型所占的百分比（图4-4）。应用GIS分析表明，不同子流域的土地利用构成存在显著的差异，林地在各个子流域的比例都比较高，最高比重高达90%；耕地和草地在个别流域比重较高，各个子流域形成以耕地为主、林地为主和草地为主的单类土地利用构成以及耕地和草地为主，林地和草地为主，耕地和林地为主的复合土地利用构成。

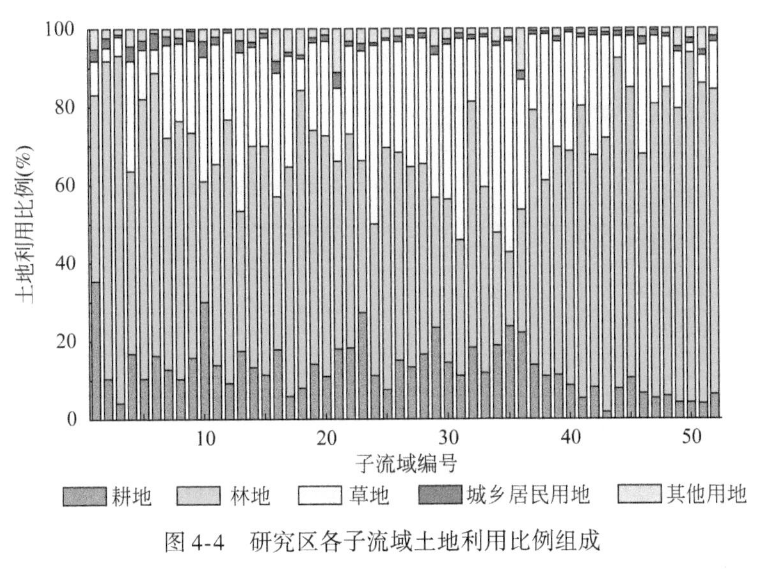

图4-4　研究区各子流域土地利用比例组成

数据来源：Xu and Zhang. 2016a。

4.2.2 土地利用比例与地表径流营养物浓度的关系分析

土地利用和地表径流营养物的关系是在一定单元范围内进行探讨的，基于水质监测断面的位置，本书采用了两种影响单元的确定方法（Goetz and Fiske，2008）：一是嵌套式结构，所有位于水质监测断面上游的土地利用都对该断面的水体营养物浓度有影响；二是独立式结构，水质监测断面的水体营养物浓度只受该单元相对独立的子流域范围内的土地利用的影响。

比较表4-8 和表4-9 可以看出，采用嵌套式结构的子流域单元土地利用比例和营养物浓度的相关性结果远低于独立式结构，表4-9 中 Pearson 相关系数多数没有通过显著性检验。由节3.2 的空间独立性检验可知，各子流域的水体营养物浓度空间相关性很低。由于本书选择的研究尺度较大(子流域面积平均300 km^2左右)，上游水体中的营养物在迁移转化过程中多数损失（节5.3 采用距离水质监测断面的远近厘定了不同位置土地利用对水体营养物浓度的影响，位于水质监测断面上游的土地利用对该断面的营养物浓度影响有限，结果见节5.3）。因此，采用嵌套式结构引入了更大误差，为减少误差，本书后续研究皆采用独立式结构，探讨土地利用和地表径流营养物的关系。

表4-8 嵌套式结构的土地利用特征与地表径流营养物浓度的 Pearson 相关系数

项目	耕地	林地	草地	城乡居住用地	其他用地
总氮	0.362**	−0.195	0.286*	0.044	−0.185
硝酸盐氮	**0.366****	−0.199	0.292*	0.183	−0.191
氨氮	0.121	**−0.193**	0.133	0.054	0.011
总磷	**0.363****	−0.341**	0.258	0.271	−0.021
COD	0.039	0.018	−0.114	**0.206**	0.135
BOD_5	0.068	−0.008	0.090	**0.190**	0.129

*表示在0.05 水平（双侧）上显著相关；**表示在0.01 水平（双侧）上显著相关（下同）。

注：加粗为所有土地利用类型的绝对值最大的 Pearson 相关系数（下同）。

表 4-9　独立式结构的土地利用特征与地表径流营养物浓度的 Pearson 相关系数

项目	耕地	林地	草地	城乡居住用地	其他用地
总氮	0. 438**	**-0. 487****	0. 419**	0. 194	0. 175
硝酸盐氮	0. 446**	**-0. 496****	0. 427**	0. 183	0. 172
氨氮	0. 070	-0. 173	**0. 177**	-0. 104	0. 113
总磷	**0. 559****	-0. 522**	0. 372**	0. 455**	0. 191
COD	**0. 410****	-0. 205	0. 046	0. 331*	0. 053
BOD_5	**0. 431****	-0. 230	0. 075	0. 320*	0. 045

计算各子流域的土地利用比例组成特征与各营养物浓度的 Pearson 相关系数（表 4-9），结果表明，耕地、林地和草地的面积比例对流域的地表径流营养物影响较大，而城乡居住用地比例对部分水体营养物输出有影响，其他用地与水体营养物输出没有存在显著的相关关系。由于各子流域总氮和硝酸盐氮浓度，以及 COD 和 BOD_5浓度存在极显著相关，因此土地利用比例对上述两组的影响是非常相似的。比较各土地利用类型与每一营养物浓度的 Pearson 相关系数的绝对值可以看出，在各土地利用类型中，耕地比例与总磷、COD 和 BOD_5浓度的 Pearson 相关系数分别达到 0. 559、0. 410 和 0. 431，为各类型最高，对上述营养物的影响最大；林地则与总氮、硝酸盐氮的浓度相关性最高，Pearson 相关系数分别达到-0. 487 和-0. 496；草地与氨氮浓度的 Pearson 相关系数最大，但没有通过显著性检验，表明各土地利用比例对氨氮浓度的解释很差。

具体来看，作为表征氮磷营养物重要输出的农业生产活动，耕地显著影响着流域的氮磷输出浓度。除氨氮浓度外，耕地比例与其他各营养物浓度皆达到 0. 01 水平的极显著正相关。林地的存在，一方面能有效拦截营养物汇入河道，另一方面，土地被林地所占据则减少了营养物输出源的比重，因此，林地比例的增加有利于流域水质污染的改善，其比例与总氮、硝酸盐氮和总磷浓度都达到 0. 01 水平的极显著负相关关系，与氨氮、COD 和 BOD_5浓度尽管也呈现负相关关系，但是都没有通过显著性检验。

密云水库上游流域的畜牧业相对发达，草地主要表征了牛、羊为主的牲畜生产情况对营养物输出的影响。从表 4-9 可以看出，草地比例与各营养物指标都呈现正相关关系。其中，其与总氮、硝酸盐氮和总磷浓度达到了 0.01 水平的极显著正相关，但与氨氮、COD 和 BOD_5浓度的相关性都没有通过显著性检验。城乡居住用地表征生活垃圾、生活污水和畜禽粪便等重要营养物输出源，其比例与各营养物浓度的关系没有上述用地明显，只与总磷浓度达到 0.01 水平的极显著正相关，与 COD 和 BOD_5浓度达到 0.05 水平的显著正相关水平，尽管总氮和硝酸盐氮的浓度呈现正相关关系，但是没有通过显著性检验。

4.3 土地利用强度对地表径流营养物浓度的影响

为探讨土地利用强度对地表径流营养物污染输出差异的影响，本书按照上述方法，通过搜集统计年鉴，叠加各子流域边界和乡镇边界，估算研究区内各子流域的单位耕地面积的化肥施用量，单位草地面积的载畜量，单位城乡居住用地面积的人口承载量和畜禽饲养量，以刻画不同子流域耕地、草地和城乡居住用地利用强度的空间差异，深入探讨土地利用强度对各地表径流营养物浓度的影响。

4.3.1 土地利用强度空间差异分析

本书分别计算了密云水库上游流域各乡镇单元单位耕地面积的化肥施用量，污染物输出差异的单位草地面积的载畜量，单位城乡居住用地面积的人口承载量和畜禽饲养量，并进行空间化表达（图 4-5）。结果表明，耕地、草地和城乡居住用地不仅在数量比例上有明显的不同，在空间分布上土地利用强度也存在明显差异。

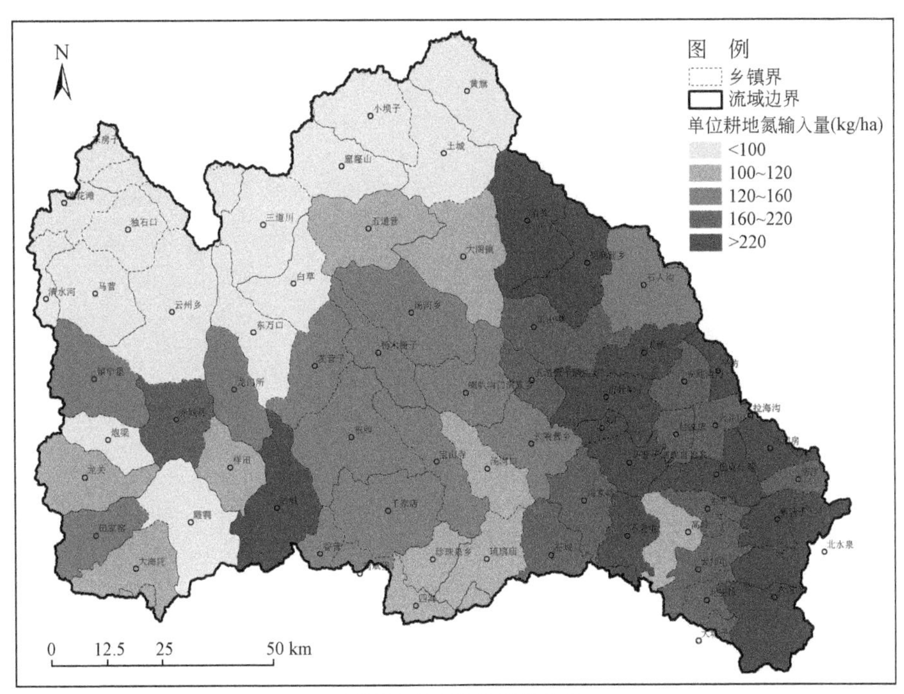

(a)单位耕地面积的氮输入量

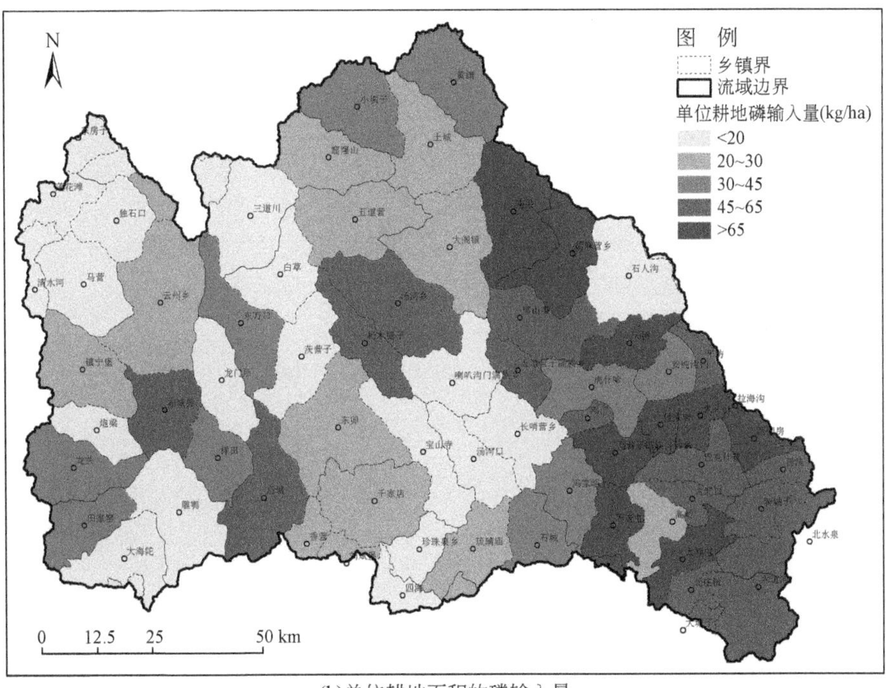

(b)单位耕地面积的磷输入量

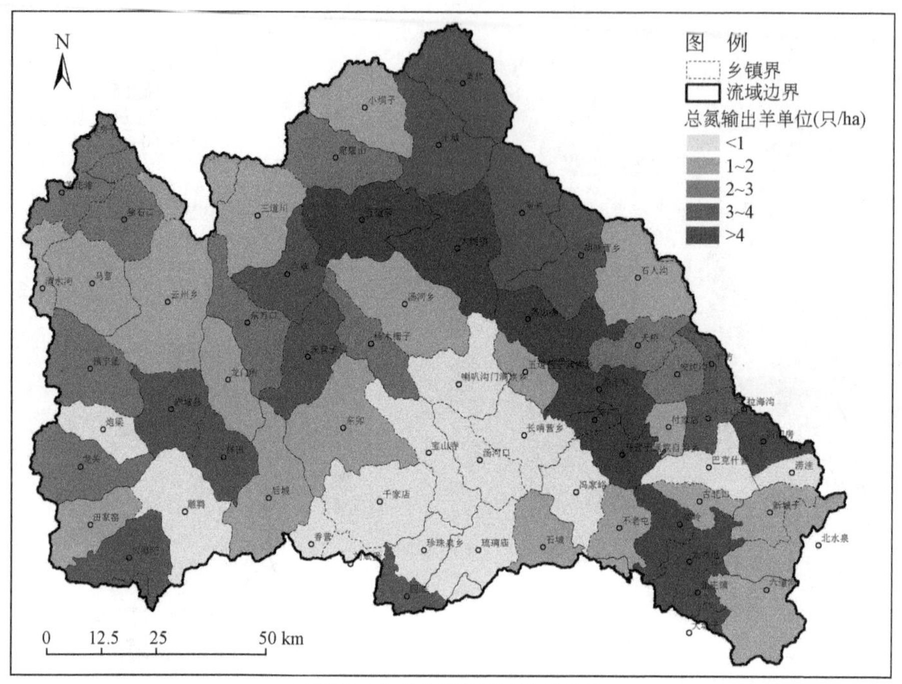

(c)氮输出的单位草地面积的羊单位

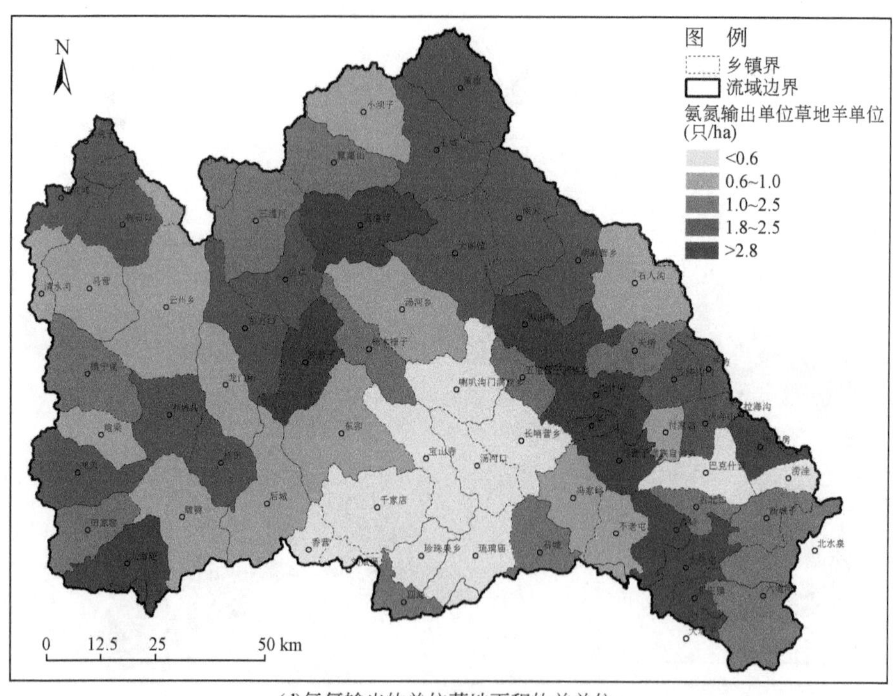

(d)氨氮输出的单位草地面积的羊单位

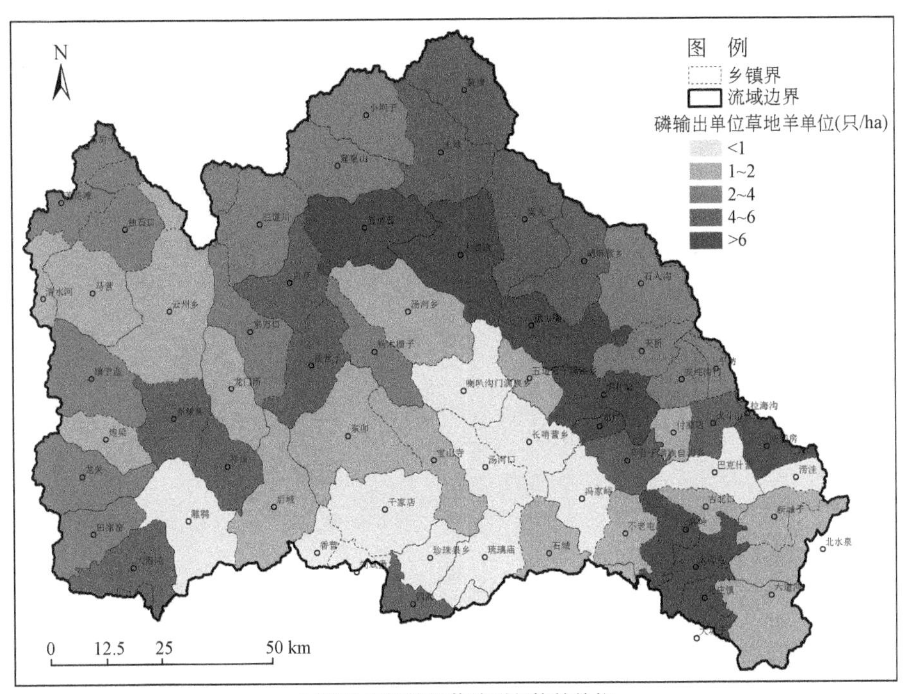

(e)磷输出的单位草地面积的羊单位

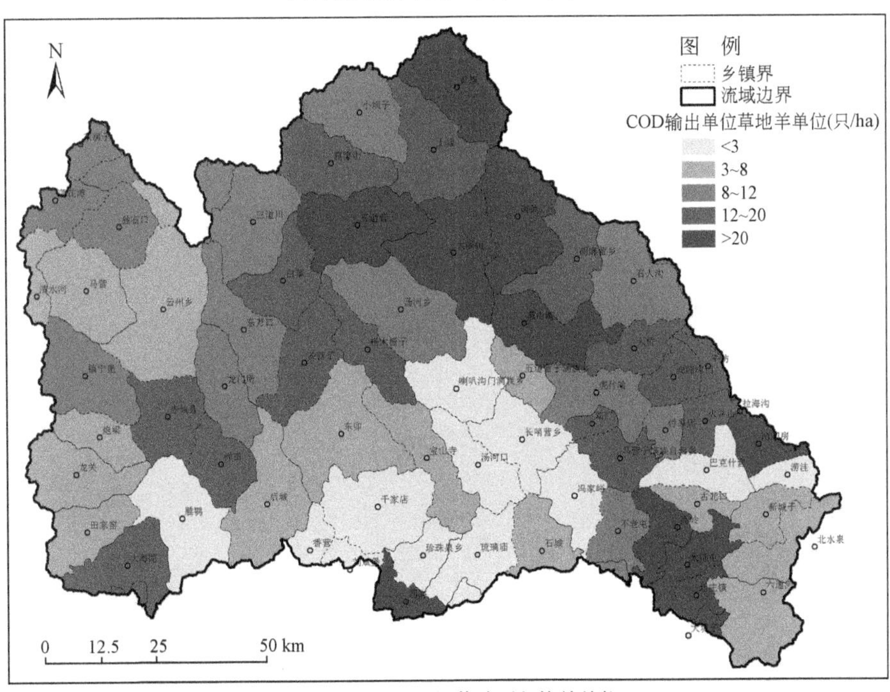

(f) COD输出的单位草地面积的羊单位

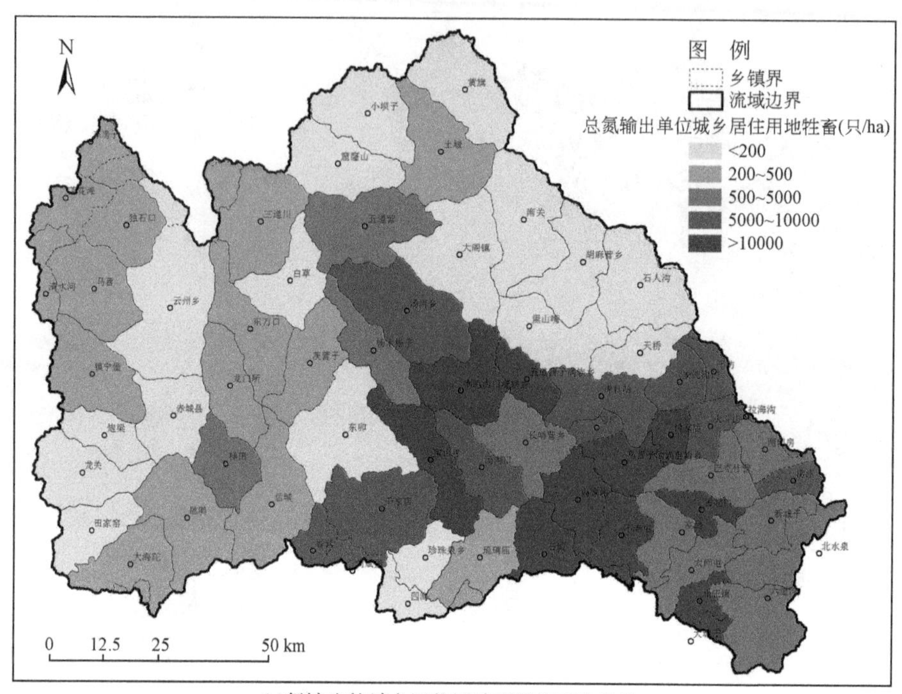

(g)氮输出的城乡居住用地面积的家禽单位

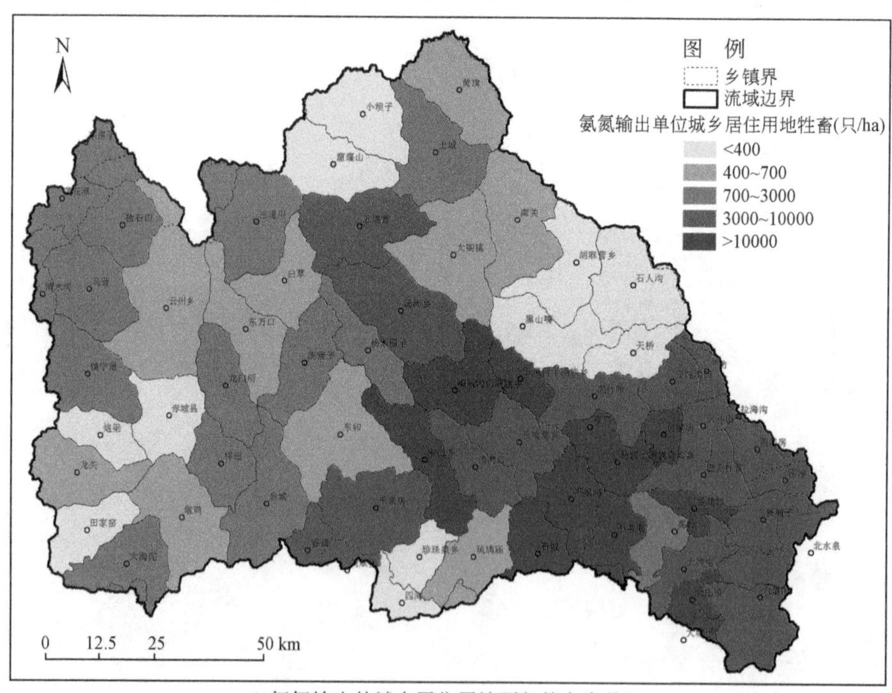

(h)氨氮输出的城乡居住用地面积的家禽单位

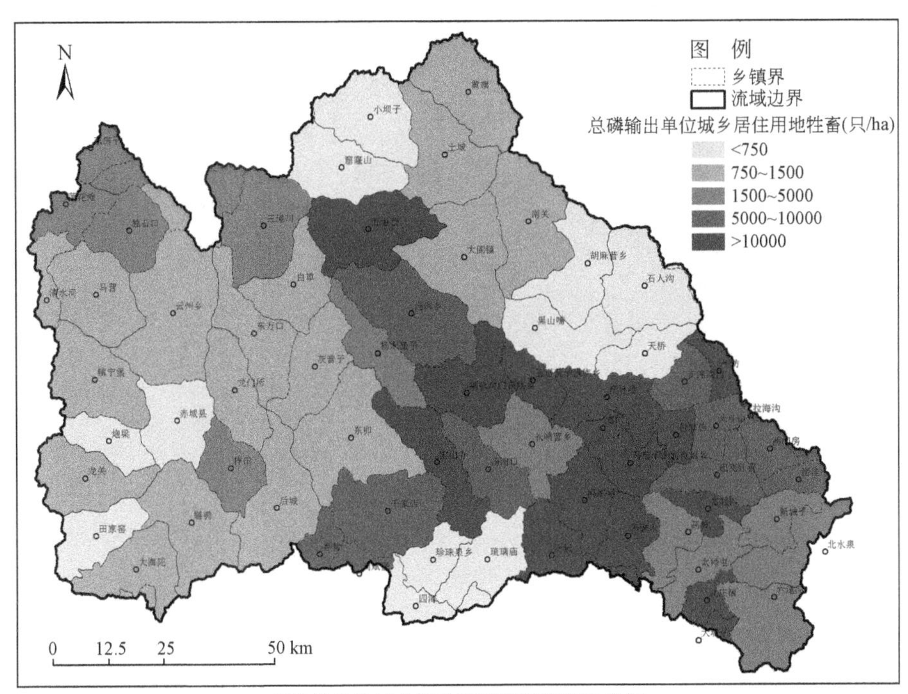

(i)磷输出的城乡居住用地面积的家禽单位

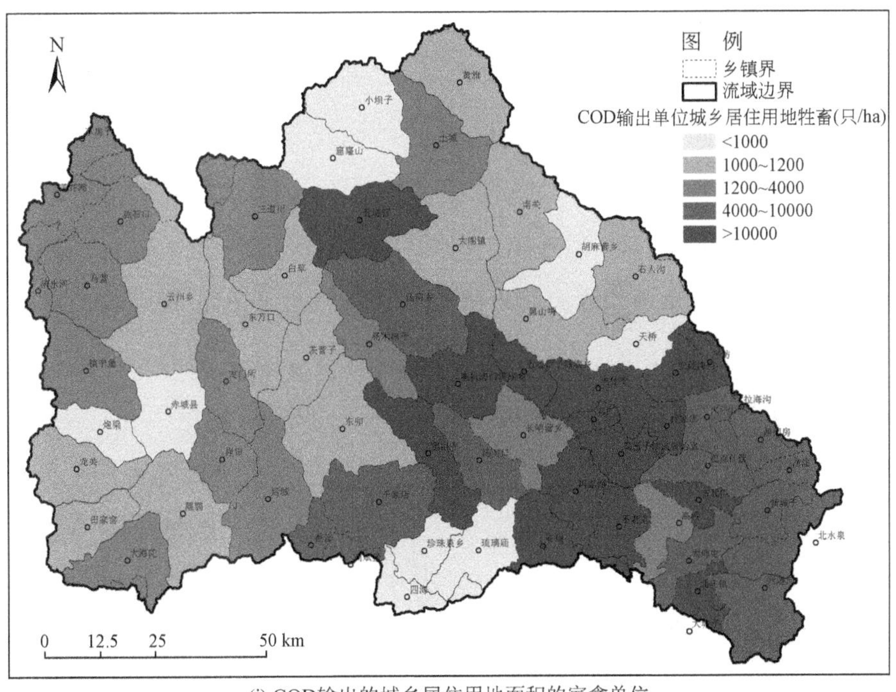

(j) COD输出的城乡居住用地面积的家禽单位

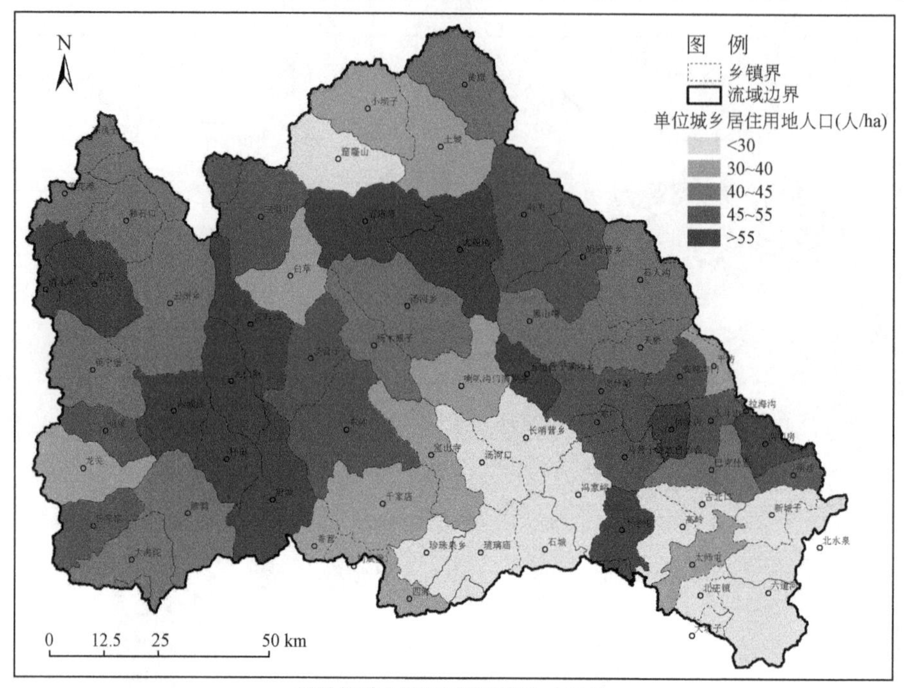

(k)单位城乡居住用地面积的人口量

图 4-5　乡镇单元的土地利用强度

数据来源：Xu and Zhang. 2016a。

密云水库上游流域单位耕地面积的化肥折纯量强度达到了 519 kg/hm²，高于 2012 年全国 480 kg/hm² 的平均水平，低于北京市 591 kg/hm² 和河北省 521 kg/hm² 的平均水平，远高于国际公认的 225 kg/hm² 的化肥施用安全上限。可见，该流域的化肥施用量虽然较之北京市和河北省的平均施用水平略低，但却明显高于全国平均施肥水平，过高的化肥施用成为重要的营养物污染源之一。其中，单位面积的氮肥折纯施用量为 159 kg/hm²，远高于磷肥的 40 kg/hm²。从空间分布上看，赤城县尤其是位于白河上游乡镇的氮肥施用强度明显低于其他地区，位于潮河流域中下游的乡镇氮肥施用强度较高；磷肥施用强度与氮肥空间分布相似，位于汤河和黑河河段的乡镇磷肥施用强度较低。

尽管牛羊在不同污染物的排放系数存在差异，但是基于氮、氨氮、磷和 COD 差异的草地利用强度在空间分布的差异主要是单位草地羊单位饲养量的不同。通过图 4-5（c）~图 4-5（f）类似空间分布可看出，潮河和白河草地利用强度没有明显的强弱差别，流域中上游的草地利用强度相对较高，流域下游除密云区之外的草地利用强度较低。

基于总氮、氨氮、磷和 COD 差异的单位城乡居住用地畜禽排放强度在空间分布的差异主要是单位城乡居住用地畜禽饲养量的不同，通过图 4-5（g）~图 4-5（j）类似的空间分布可以看出，潮河流域的城乡居住用地利用强度高于白河流域，流域中上游的城乡居住用地牲畜排放强度相对较低，流域下游滦平区、密云区和怀柔区的单位城乡居住用地牲畜排放强度相对较高。

该流域的人口密度平均为 66 人/km^2，尽管人口密度相对较低，但是单位城乡居住用地的人口数量存在显著的空间差异。从图 4-5（k）可以看出，除不老屯镇外，北京市所在的乡镇单位城乡居住用地强度较低，而赤城县、丰宁满族自治县和滦平区单位城乡居住用地强度较高的地区主要分布在县城及其周边。

4.3.2　土地利用强度与地表径流营养物浓度的关系分析

将流域各乡镇的土地利用强度与相应的土地利用现状图叠合，可以得到基于营养物输出的不同土地利用强度空间分布。利用式（4.11），耦合各子流域单元的土地利用强度和土地利用比例，可计算调整后的土地利用比例，及其与各子流域水质监测断面的营养物浓度的 Pearson 相关系数（表 4-10，图 4-6）。由于总氮和硝酸盐浓度，以及 COD 和 BOD_5 浓度存在高度的线性相关，因此本书将表征总氮和 COD 输出差异的相应土地利用强度也分别作为表征硝酸盐氮和 BOD_5 输出差异的土地利用强度。

总体上，耦合土地利用强度的土地利用比例与地表径流营养物浓度的相关性明显上升，除城乡居住用地与 COD 和 BOD_5浓度的 Pearson 相关系数有所下降外，其余指标和相应土地利用类型的 Pearson 相关系数皆明显增加，表明纳入土地利用强度信息能够更好地分析土地利用和地表径流营养物的关系。例如，单独采用土地利用比例作为指标，与总氮/硝酸盐氮浓度相关性最高的是林地，在纳入土地利用强度信息后，调整的耕地、草地和建设用地比例与总氮/硝酸盐氮浓度的 Pearson 相关系数明显增加，并在绝对值都超过了单一林地比例与总氮/硝酸盐氮浓度的 Pearson 相关系数（表 4-10，图 4-6）。总磷浓度与耕地、草地和建设用地的 Pearson 相关系数也类似，纳入土地利用强度信息后，相关系数皆有所增加，但土地利用与总磷浓度的 Pearson 相关系数的最大值从耕地转为建设用地（表 4-10，图 4-6）。

表 4-10　耦合土地利用强度的土地利用比例与营养物浓度的 Pearson 相关系数

项目	耕地		草地		城乡居住用地	
	原始	调整	原始	调整	原始	调整
总氮	0.438 * *	**0.565** * *	0.419 * *	0.528 * *	0.194	0.504 * *
硝酸盐氮	0.446 * *	**0.550** * *	0.427 * *	0.526 * *	0.183	0.495 * *
氨氮	0.070		0.177	**0.186**	-0.104	0.102
总磷	0.559 * *	0.615 * *	0.372 * *	0.457 * *	0.455 * *	**0.665** * *
COD	**0.410** * *		0.046	0.166	0.331 *	0.255
BOD_5	**0.431** * *		0.075	0.159	0.320 *	0.244

* 表示在 0.05 水平（双侧）上显著相关；* * 表示在 0.01 水平（双侧）上显著相关。

注：加粗为所有土地利用类型的绝对值最大的 Pearson 相关系数。

具体到不同地类分析，耕地与总氮、硝酸盐氮和总磷浓度的 Pearson 相关系数分别从 0.438、0.446、0.559 增加到了 0.565、0.550 和 0.615。调整后的草地比例与 6 项水体营养物浓度的 Pearson 相关系数都有不同程度的增加，但与氨氮、COD 和 BOD_5浓度的 Pearson 相关系数仍没有通过显著性检验。纳入土地利用强度信息，相比耕地和草地对营养物浓度解释程度增长的幅度，城乡居住用地对营养物浓度解释程度增加幅度更高。未纳入土地利用强度信息时，城乡居住用地比例与总氮和硝酸盐氮 Pearson 相关系数仅为 0. 194 和 0. 183，没有通过显著性检验；纳入该信息后，与上述两者的 Pearson 相关系数分别上升到 0. 504 和 0. 495，通过了 0. 01 水平的显著性检验，且城乡居住用地比例与总磷的 Pearson 相关系数也有明显的增加，为各类土地利用类型中的最高。可见，单位耕地面积的化肥施用量、单位草地面积的载畜量和单位城乡居住用地面积的人口承载量和畜禽饲养量的空间差异对同一土地利用类型营养物浓度的输出有显著的影响。

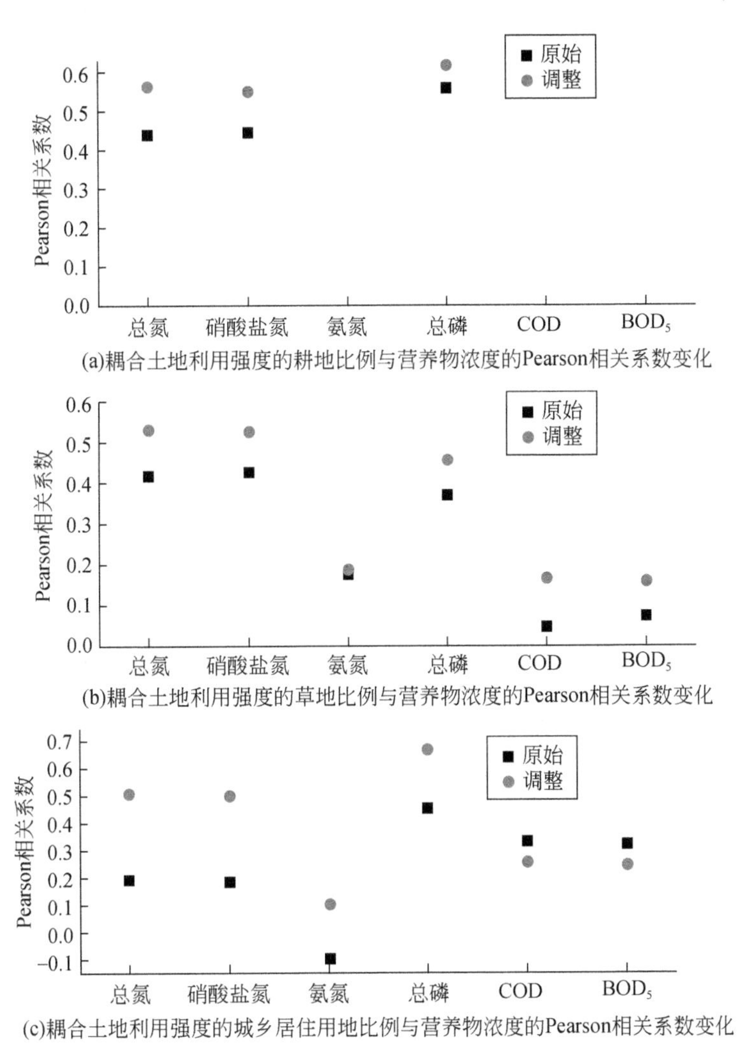

图 4-6　耦合土地利用强度的土地利用比例与营养物浓度的 Pearson 相关系数变化

4.4 土地利用输出源强对水体富营养的解释能力

基于人工目视解译的研究区2013年土地利用现状图，本章首先分析了密云水库上游流域土地利用数量特征。研究区以林地、草地和耕地为主，分别占研究区土地总面积的56.9%，25.1%和14.3%，城乡居住用地比重仅为1.3%，但不同子流域的土地利用数量结构存在显著差异。在此基础上，本章探讨了土地利用比例与6项水体营养物浓度的关系，耕地、草地和城乡居住用地是流域地表径流营养物重要的输出源，林地能拦截和过滤水体中的营养物，能够有效控制流域的水体富营养化。具体到各营养物，总氮和硝酸盐氮浓度主要受耕地、草地和林地比例的影响，总磷浓度与耕地、林地、草地和城乡用地比例都呈显著相关关系，COD和BOD_5浓度则主要受耕地比例影响，氨氮与各土地利用比例相关性都较低。

通过土地利用现状图和各乡镇统计年鉴数据，本章计算了单位耕地面积的氮磷施用量、单位草地面积的载畜量，以及单位城乡居住用地面积的人口承载量和畜禽饲养量，刻画了不同子流域耕地、草地和城乡居住用地利用强度的差异。土地利用强度信息能够区分同一土地利用作为污染物输出源的空间差异，在纳入利用强度信息后重新计算调整的土地利用比例，结果表明，除城乡居住用地与COD和BOD_5浓度的Pearson相关系数有所下降外，其余调整后的土地利用比例与营养物浓度的Pearson相关系数都有所增加，纳入土地利用强度信息能够提高土地利用对地表径流营养物的解释能力。

第 5 章　土地利用空间分布对地表径流营养物浓度的影响

考虑到土地利用的空间分布特征与地表径流营养物迁移转化的整个过程密切相关，本章在分析土地利用比例及其强度等输出源强对地表径流营养物影响的基础上，刻画不同子流域土地利用所处坡度的差异，量化土地利用与河道和流域出水口的距离远近，提取不同土地利用类型的空间位置邻接关系，旨在挖掘和量化与水体营养物迁移转化过程密切联系的土地利用空间信息，探讨上述土地利用空间信息纳入土地利用比例之后对营养物浓度的影响。

5.1　土地利用空间分布量化思路

土地利用的空间分布特征影响营养物的迁移转化过程，土地利用所处的坡度差异刻画了营养物输出风险的高低，土地利用与河道和监测断面距离的远近模拟了营养物输出在坡面汇流及河道汇流的衰减过程，土地利用位置邻接关系的空间识别反映了特定位置上林地对地表径流营养物的削减作用。如图 5-1 所示，本书将上述三方面的土地空间组分进行分别提取，并结合相应的数学模型，构建土地利用和地表径流营养物浓度的关系。

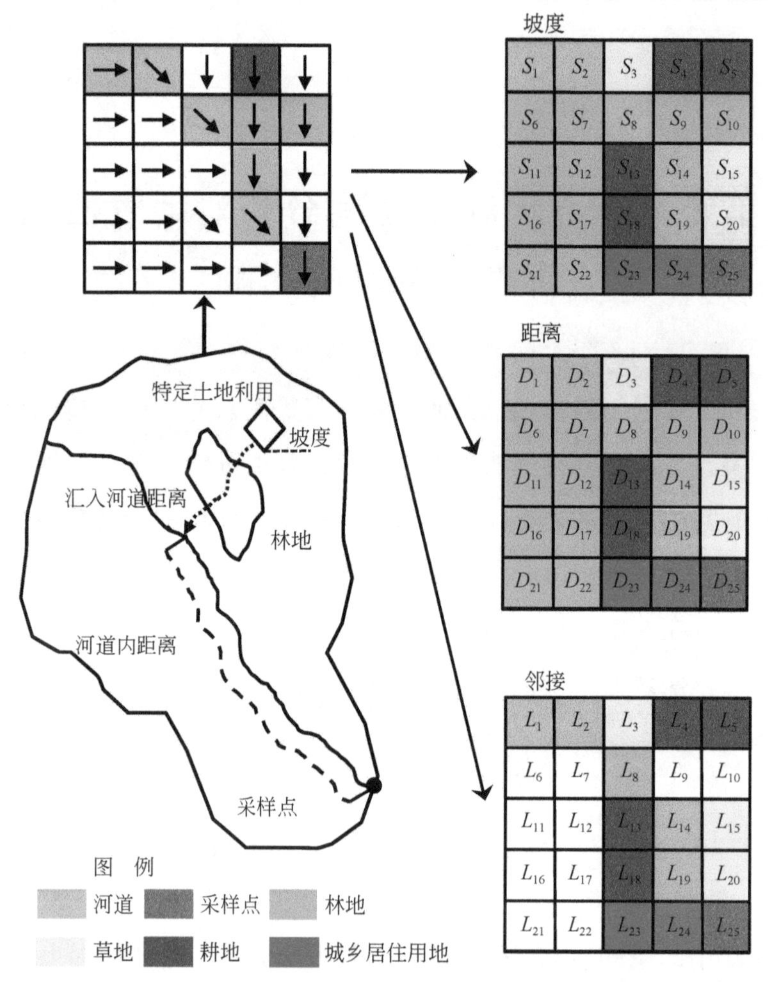

图 5-1　土地利用空间分布信息表达和量化的示意图

数据来源：Xu and Zhang. 2016b。

5.1.1　土地利用坡度对地表径流营养物浓度影响的量化方法

坡度的不同，导致坡面的产流及冲刷带走营养物量的差异。一般认为，低丘、山间盆地和平坦平原由于地势平坦，坡度小，营养物的输出量较小，而随着坡度的增大，坡面冲刷量增大，营养物产出的风险增加。因此，若坡度较大的位置主要分布的是作为流域水体营养物输出源的耕地、草地或者城乡用地则有更高的营养物输出风险；相反，如果坡度较大的位置主要分布的是林地，则有可能有效地控制这些高风险营养物的输出，从而改善流域水质。关于坡度与营养物输出的关系以往研究有较多的成果（陈利顶等，2003；Jiang et al.，2013）。本书根据 Jiang 等（2013）提出的栅格化的景观空间负荷对比指数，量化坡度差异对水体营养物输出贡献的差异，从而计算结合坡度信息的调整的土地利用比例，公式如下：

$$P_k^S = \frac{\sum_{j=1}^{n_k}\left(1 + \frac{S_j}{S_{\max}}\right)}{N} \tag{5.1}$$

式中，P_k^S 为纳入坡度信息的调整土地利用比例；k 表示不同土地利用类型，包括耕地、草地、林地和城乡居住用地；S_j 为子流域单元栅格单元对应的坡度；$S_{\max}$ 为坡度的最大值，即 90°；n_k 为相应土地利用类型的栅格总数。

5.1.2　土地利用空间距离对地表径流营养物浓度影响的刻画方法

汇入水体的营养物从产生到流至水质监测断面主要包括两个过程，第一个过程是营养物的坡面汇流过程，即累积在流域地表的营养物在降水的冲刷之下，随着径流的形成和泥沙的输移在陆地坡面产生污染，并随径流与泥沙的输移在流域内衰减，最终到达河道。第二个过程则是指营养物在河道内的迁移转化过程（Srinivasan and Libra，1994；程红光等，2006；Ritter and Shirmohammadi，2010）。因此，基于土地利用与地表径流营养物关系的土地利用空间格局刻画，需要以上述水体营养物的产生和迁移衰减的水力联系作为主导，反映在坡面汇流和河道河流过程中营养物浓度的衰减过程。从土地利用的角度出发，就是量化土地利用与主河道的距离，以及营养物汇流河道后迁移到水质监测断面距离的差异。理论上认为，距离越小，土地利用对监测断面水体营养物浓度的影响越大。对于以营养物输出为主的耕地、草地和城乡居住用地，距离用以刻画营养物从上述土地利用输出后的衰减程度；而林地则是表征对径流中营养物的拦截程度，距离越近则越能够保护水体（Goetz and Fiske，2008）。

以往的研究已经开始用线性函数（Chen et al.，2009；Peterson et al.，2011）、反距离函数（King et al.，2005；Goetz and Fiske，2008）、指数函数（Johnson et al. 2007）或综合上述多种函数（Van Sickle and Johnson.，2008；Walsh and Webb.，2014；Yates et al.，2014），来刻画营养物随土地利用类型与污染受纳水体距离变化的衰减规律。那么究竟选择什么样的函数来刻画上述提到的径流中营养物随着空间距离的衰减过程呢？目前研究没有统一的定论。本书选用在以往案例中效果较好的反距离函数（King et al.，2005；Goetz and Fiske.，2008；Van Sickle and Johnson，2008；Walsh and Webb.，2014；Yates et al.，2014），分别刻画土地利用与河道的迁移距离和河道内迁移距离的差异。反距离函数的表达式如下：

$$f(d) = \left(\frac{1}{d + 1}\right)^{\alpha} \tag{5.2}$$

式中，d 为距离，可以表示坡面汇入河道的迁移距离或者河道内迁移距离；α 为距离衰减参数，用以衡量距离的影响。该值越大，表明近距离的土地利用对水体营养物浓度的影响越大。若 $\alpha=0$，则 $f(d)=1$，表明距离远近对水体营养物浓度没有任何影响。

在纳入距离的空间信息之后，可计算调整后的土地利用比例，计算公式如下：

$$P_k^D = \frac{\sum_{j=1}^{n} L(j) f(d_t) f(d_i)}{\sum_{j=1}^{n} f(d_t) f(d_i)} \tag{5.3}$$

式中，P_k^D 表示纳入空间距离信息后调整的土地利用比例；k 表示不同土地利用类型，包括耕地、草地、林地和城乡居住用地；$f(d_t)$ 表示坡面汇入河道的迁移距离；$f(d_i)$ 是指河道内迁移距离；$L(j)$ 为判断函数，当栅格单元

j 为对应的 k 土地利用类型，则 $L(j) = 1$，为其他利用类型时，则 $L(j) = 0$；n 为对应 k 土地利用类型在子流域单元内的栅格数。

对距离衰减参数 α 的确定，本书采用试错法，即对 α 设置多个取值，以量化土地利用空间差异对营养物浓度衰减的影响，最后比较多个参数的调整土地利用比例 P_k^D 与营养物浓度的关系，选择对地表径流营养物浓度解释能力最强的函数，作为两者关系的探讨（Van Sickle and Johnson.，2008；Walsh and Webb.，2014；Yates et al.，2014）。本书分别设置 0.1、0.3、0.5、0.7 和 1 共 5 个距离衰减参数数值。在上述公式中，包括了坡面汇流和河道汇流两个过程，因此需要确定两个距离衰减参数 α_t（坡面汇流）和 α_i（河道汇流）。一般认为坡面汇流比河道汇流速度慢（Galloway et al.，2003），同样距离对营养物浓度的影响更加明显。为此，本书将 α_i 设置为小于或者等于 α_t，即当 $\alpha_t = 0.5$ 时，α_i 仅设置为 0.5、0.3 和 0.1，其余 2 个数值（0.7 和 1）则不纳入考虑，以此类推。本书总共设置了 15 组参数。

在以往的研究中，上述调整土地利用比例实际上是根据在子流域内某一土地利用相对其他土地利用类型的距离进行“重分配比例”，分配后的所有土地利用类型比例之和仍是 100%。但是，这样的调整过多地强调了某一土地利用与其他土地利用的相对位置关系，弱化了土地利用自身相对河道和水质监测断面距离的绝对差异。实际上，在坡面汇流阶段，水体中营养物的衰减主要受下垫面不同土地利用类型差异的影响，故进行空间的再分配可以对不同土地利用相对距离的再分配，但是在水体汇入河道后迁移距离很长，水体自身的净化能力随着河道的长短差异对水体营养物浓度有显著影响。因此，本书认为需要刻画上述空间距离的差异，提出了基于土地利用相对水质监测断面的标准化距离的调整参数，对公式进行修正，其公式计算如下：

$$P_k^{D'} = \frac{\sum_{j=1}^{n} L(j)f(d_t)f(d_i)}{\sum_{j=1}^{n} f(d_t)f(d_i)} \times \left(1 - \frac{\overline{d_j}}{d_{\max}}\right) \tag{5.4}$$

式中，$\overline{d_j}$ 为某一土地利用类型的河道迁移平均距离；$d_{\max}$ 为河道迁移的最大距离，其他参数与上述公式相同。

本书将两种调整后的土地利用比例分别采用15组参数进行计算，并将纳入空间距离信息的土地利用比例作为自变量，以各营养物浓度作为因变量，构建多元线性回归模型，以回归模型的可决系数 R^2 作为衡量不同参数组合对土地利用空间距离的刻画能力。尽管调整后的土地利用比例仍存在一定的共线性，会对回归结果产生影响，但是，纳入空间距离信息，不是单单追求统计上的相关，而是要探讨土地利用空间信息与水质污染的内在关系（King et al.，2005）。因此，5.3节进行多元线性回归时，仍将耕地、林地、草地和城乡居住用地四类与营养物浓度密切相关的土地利用比例都放入回归方程。

坡面汇入河道的迁移距离和河道内迁移距离主要是利用ArcGIS水文分析工具的Flow Length功能实现的。主要流程如下：①利用Flow Length基于DEM生成流向图和流域出水口位置，计算每个栅格单元到流域出水口的迁移路径长度FD；②将提取的河道进行栅格化，每个栅格作为汇入河道的“出水口”，将流向图与河道栅格重叠的栅格属性值设置为“Nodata”，再通过Flow Length分别计算每个栅格单元到河道边缘的迁移路径长度 FD_t；③利用栅格计算器，$FD-FD_t$ 则可以得到每个栅格单元在河道内迁移的路径长度 FD_i。

5.1.3 土地利用空间邻接关系对地表径流营养物浓度影响的刻画方法

相对来讲，土地利用单元与河道及水质监测断面的距离都是被“独立”考虑的。实际上，在营养物随径流的迁移转化过程中，不同土地利用之间的相对位置也会对水体营养物浓度产生影响。例如，如果在耕地产生的营养物随坡面汇流到河道的过程中，流经林地，理论上我们定义上述这部分耕地为“被拦截”的耕地（下同），“被拦截”的耕地对水质污染的影响会减小，在这些污染物输出源的流经路径上的林地可以发挥更好的拦截和过滤作用。为了刻画这样的土地利用的位置邻接关系，本书借鉴 Baker 等（2006）提出的方法，以耕地、草地和城乡用地为污染物输出源，林地作为拦截，提取每一土地利用类型与林地的空间位置邻接关系。

利用 ArcGIS 水文分析工具的加权 Flow Accumulation 和 Flow Length 两个功能可实现上述的土地利用位置邻接关系的提取。操作流程如下：①提取目标土地利用类型（以耕地为例）的空间分布位置，进行栅格重分类，将该土地利用类型的栅格值赋值为 1，其他类型的栅格值赋值为 0；②利用上述的重分类土地利用图，通过 Flow Accumulation 进行加权汇流，生成只有耕地及其汇流路径上的栅格单元的汇流图；③利用土地利用现状图提取的林地分布，结合提取的加权汇流图，通过叠加分析可以得到由耕地生成的营养物在迁移路径上的林地分布图；④利用上述提取的迁移路径上的林地分布图，将林地赋值为 1，其他栅格全部赋值为 0，再将流向图与河道栅格重叠的栅格属性值设置为“Nodata”，结合林地汇流的空间分布图，进行加权的 Flow Length 计算，可以得到林地加权到河道边缘的汇流分布图 FD_i^f，有汇流值的栅格单元表示在迁移至河道路径上有林地拦截；⑤对林地加权到河道边缘的汇流分布图 FD_i^f 进行栅格重分类，0 值赋值为“Nodata”，其余值赋值为 1，结合土地利用现状图提取的耕地分布，通过叠加分析则可以提取径流中的营养物在迁移路径上被林地拦截的耕地空间分布位置。

通过上述的方法，将每一营养物输出源（耕地、草地和城乡居住用地）分为两部分，即没有受到林地拦截，直接汇入河道的部分，以及受到拦截，输出的营养物被削弱的部分。那么，在不考虑其他因素的情况下，纳入土地利用邻接信息后，调整的土地利用比例计算公式如下：

$$P_k^L = P_u + P_b \times (100\% - W) \tag{5.5}$$

式中，P_k^L 表示纳入空间位置邻接信息后调整的土地利用比例；k 表示不同土地利用类型，包括耕地、草地、林地和城乡居住用地；P_u表示子流域单元内没有受到林地拦截，直接汇入河道的土地利用单元比例；P_b表示受到林地拦截，输出营养物被削弱的比重；W 表示用于估计输出的营养物被拦截后受到削减幅度的参数，可以认为是相对于未被拦截的土地利用，这部分与林地相邻的土地利用被“额外”削弱和过滤。而被削减的程度受多种因素影响，如拦截的林地的长度和宽度等（Piechnik et al.，2012；Sweeney and Newbold.，2014），由于没有实测数据，本书采用试错法，分别赋值 W 为 0%、10%、20%、30%、40%、50%、60%、70%、80%、90%和 100%，分别计算调整后的土地利用比例与营养物浓度的 Pearson 相关系数，选择相关系数最大的作为合适的削减参数。当 $W=0\%$，表示被拦截后的营养物没有受到任何削减，当 $W=100\%$，则表示径流中营养物被完全拦截，最终没有汇入河道。

5.1.4 土地利用信息多因素叠加的调整土地利用比例计算方法

上述方法皆是从单一方面对土地利用比例进行调整计算，由于不同的空间信息是联合作用到径流中营养物的产生及迁移转化过程中的，有必要将上述多个因素逐一叠加，一方面能够对土地利用空间距离的衰减参数和土地利用位置邻接关系的削减参数进行准确率定，另一方面能够反映空间信息的多因素联合对土地利用与营养物浓度关系的影响。因此，5.2~5.4 节依次对土地利用的坡度、距离和位置邻接关系进行分析，当某一信息纳入能够提高土地利用对地表径流营养物浓度的解释程度，则在后续的分析中继续纳入计算，若无法提高两者的相关性，则在后续计算中不再考虑。因此，最终的调整土地利用比例可计算如下：

$$C_j = I_j^i \times S_j' \times D_j' \times L_j' \tag{5.6}$$

$$P'_k = \frac{\sum_{j=1}^{n_k} C_j}{N} = \frac{\sum_{j=1}^{n_k} I_j^i \times S_j' \times D_j' \times L_j'}{N} \tag{5.7}$$

式中，C_j 为每个栅格单元对水质监测断面营养物浓度的相对贡献；k 为不同土地利用类型，包括耕地、草地、林地和城乡居住用地；n_k 为 k 种土地利用类型在子流域单元的栅格数；N 为子流域单元的栅格总数。

特别地，式（5.6）包括了 4 个用于调整土地利用比例的空间信息系数：

I_j^i 为土地利用强度系数，为 j 栅格单元指定 i 种污染物的利用强度；

S_j' 为土地利用坡度系数，$S_j' = 1 + \frac{S_j}{S_{\max}}$；

D_j' 为土地利用距离系数，$D_j' = \frac{f(d_t)f(d_i)}{\sum_{j=1}^{n} f(d_t)f(d_i)} \times \left(1 - \frac{d_j}{d_{\max}}\right)$；采用基于土地相对水质监测断面的标准化距离的调整参数，根据结果表明本书提出的参数相比原始公式的效果更好，能够提高土地利用对地表径流营养物浓度的解释能力。

L_j' 为土地利用邻接系数，该系数通过削减系数 W 将土地利用分为两部分，

$$L_j' = \begin{cases} 100\% - W & j\text{ 栅格单元输出污染物在迁移路径被林地拦截；} \\ 100\% & j\text{ 栅格单元输出污染物在迁移路径不被林地拦截。} \end{cases}$$

例如，若同时考虑土地利用空间距离和位置邻接信息对地表径流营养物浓度的影响，那么纳入两类空间信息的调整土地利用比例计算公式如下：

$$P_k{}' = \frac{\sum_{j=1}^{n} L_u(j) f(d_t) f(d_i)}{\sum_{j=1}^{n} f(d_t) f(d_i)} \times \left(1 - \frac{d_j}{d_{\max}}\right) + \frac{\sum_{j=1}^{n} L_b(j) f(d_t) f(d_i)}{\sum_{j=1}^{n} f(d_t) f(d_i)} \times \left(1 - \frac{d_j}{d_{\max}}\right) \times (100\% - W) \tag{5.8}$$

式中，$L_u(j)$ 为判断函数，当栅格单元 j 为对应的 k 土地利用类型没有受到林地拦截的部分，则 $L_u(j) = 1$，其他情况则 $L_u(j) = 0$；$L_b(j)$ 也是判断函数，当栅格单元 j 受到林地拦截，输出营养物被削弱的部分，则 $L_b(j) = 1$，其他情况则 $L_b(j) = 0$。其他参数含义如上。

5.2 土地利用坡度对地表径流营养物浓度的影响

5.2.1 土地利用坡度分布分析

根据式（5.1）的方法，通过叠加流域的坡度分布图（图 5-2）和土地利用现状图（图 4-3），可以计算各土地利用类型的坡度分布情况。不同的土地利用类型的坡度存在明显的空间分布差异。耕地和城乡居住用地多分布在河谷等平缓地带，两者小于 15°的比例分别达到 91.0% 和 97.8%。其中，有严重水土流失风险的坡耕地比重较低，15°～25°和 25°以上的坡耕地比例分别仅为 8.0% 和 1%。相反，草地和林地多分布在坡度较大的位置，尤其是林地，大于 15°的林地比重高达 62.1%，15°～25°和 25°以上的林地面积分别占整个流域相应坡度等级总面积的 72.9% 和 84.1%。可见，密云水库上游流域土地利用在坡度的分布情况总体较为合理，坡耕地得到有效控制，水土流失高风险区域多为林地控制。

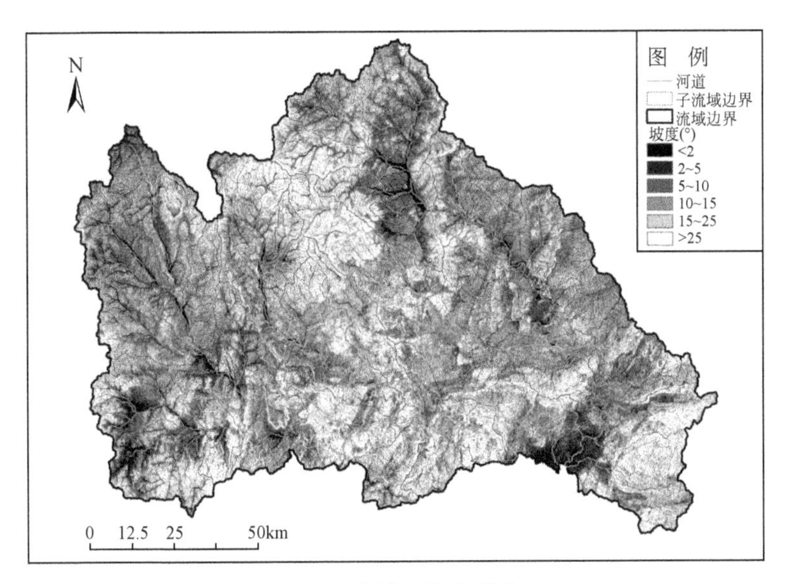

图 5-2　研究区坡度分布

数据来源：Xu and Zhang. 2016b。

表 5-1　研究区土地利用坡度分级比重　　（单位:%）

坡度	耕地	林地	草地	城乡居住用地
0～2°	13.6	0.7	1.1	18.3
2°～5°	27.1	3.3	6.9	33.6
5°～10°	33.9	12.9	25.8	33.8
10°～15°	16.4	21.0	28.5	12.1
15°～25°	8.0	40.1	28.9	2.2
>25°	1.0	22.0	8.8	0.1

5.2.2　土地利用坡度与地表径流营养物浓度关系分析

本书通过单独纳入土地利用坡度空间信息，以及同时纳入土地利用坡度及强度信息，计算调整后的土地利用比例与营养物浓度的 Pearson 相关系数，分析是否能更好地解释不同子流域营养物浓度的差异。由表 5-2 和表 5-3 可以看出，与原始的土地利用比例或者纳入土地利用强度的 Pearson

相关系数相比，纳入土地利用坡度信息，并没有显著地提高土地利用比例对营养物浓度的解释能力，多项调整后的土地利用比例与相关水体营养物浓度的 Pearson 相关系数甚至略有下降。具体来看，单独纳入土地利用坡度空间信息，耕地比例除与 COD 和 BOD_5 浓度 Pearson 相关系数略有上升外，分别从 0.410 和 0.431 增加到 0.415 和 0.433，与其他营养物浓度的相关性皆有所下降；林地在纳入坡度信息之后对各营养物浓度解释力皆有所增加，但 Pearson 相关系数绝对值增幅较小，与总氮、硝酸盐氮、氨氮、总磷、COD 和 BOD_5 浓度的 Pearson 相关系数绝对值分别增加了 0.015、0.014、0.001、0.006、0.009 和 0.007；草地和城乡居住用地除与氨氮浓度 Pearson 相关系数绝对值略有上升外（草地从 0.177 增加到 0.181，城乡居住用地从−0.104 增加到−0.126），与其他营养物浓度的相关性皆有所下降。

表 5-2　耦合坡度的土地利用比例与营养物浓度的 Pearson 相关系数

项目	耕地		林地		草地		城乡居住用地	
	原始	调整	原始	调整	原始	调整	原始	调整
总氮	0.438**	0.435**	−0.487**	**−0.502****	0.419**	0.400**	0.194	0.152
硝酸盐氮	0.446**	0.443**	−0.496**	**−0.510****	0.427**	0.408**	0.183	0.149
氨氮	0.070	0.087	−0.173	−0.174	0.177	**0.181**	−0.104	−0.126
总磷	**0.559****	0.548**	−0.522**	−0.528**	0.372**	0.357**	0.455**	0.294*
COD	0.410**	**0.415****	−0.205	−0.214	0.046	0.030	0.331*	0.314*
BOD_5	0.431**	**0.433****	−0.230	−0.237	0.075	0.060	0.320*	0.305*

*表示在 0.05 水平（双侧）上显著相关；**表示在 0.01 水平（双侧）上显著相关。

注：加粗为所有土地利用类型的绝对值最大的 Pearson 相关系数。

表 5-3　耦合强度和坡度的土地利用比例与营养物浓度的 Pearson 相关系数

项目	耕地		草地		城乡居住用地	
	强度	强度+坡度	强度	强度+坡度	强度	强度+坡度
总氮	**0.565****	0.564**	0.528**	0.518**	0.504**	0.502**
硝酸盐氮	**0.550****	0.542**	0.526**	0.516**	0.495**	0.494**

续表

项目	耕地		草地		城乡居住用地	
	强度	强度+坡度	强度	强度+坡度	强度	强度+坡度
氨氮	0.070		0.086	0.091	**0.102**	0.096
总磷	0.615**	0.601**	0.457**	0.454**	**0.665****	0.654**
COD	**0.410****		0.166	0.153		
BOD_5	**0.431****		0.159	0.147		

*表示在0.05水平（双侧）上显著相关；**表示在0.01水平（双侧）上显著相关。

注：加粗为所有土地利用类型的绝对值最大的Pearson相关系数。

计算52个子流域四种土地利用类型平均坡度的变异系数，结果分别是0.18、0.14、0.17和0.22。通常认为，变异系数小于0.25是弱变异程度。由于耕地和城乡用地多分布在15°以下的地区，坡度对于营养物的产生在坡度较小时影响较弱，因此不同子流域在坡度的分布结构上呈现出一定的相似性，这样相似的坡度结构信息纳入土地利用比例的计算中，在统计上多为冗余信息。因此，纳入土地利用的坡度信息，并没有显著地提高土地利用比例对地表径流营养物浓度的解释能力。基于以上分析，5.3和5.4节的分析中仅将坡度信息纳入到林地比例中，其余土地利用类型不再考虑坡度对其与地表径流营养物浓度关系的影响，以免在统计分析上引入过多的不确定性信息。

5.3　土地利用距离对地表径流营养物浓度的影响

刻画土地利用和地表径流营养物浓度的关系，需要对水体营养物产生到水质监测断面过程中发生的衰减过程进行空间化表达，这就要求对土地利用相对河道的远近，相对水质监测断面的距离进行刻画。本书基于坡面汇流和河道内径流的迁移路径，通过对土地利用与河道距离和汇入河道后与水质监测断面距离的空间信息表达，“还原”营养物在这个迁移转化过程中的损失，以期准确地厘定土地利用对地表径流营养物浓度的解释能力和贡献程度。

5.3.1 土地利用空间距离分析

通过ArcGIS的水文分析和栅格计算工具，本书提取了流域栅格单元距离河道的空间分布（图5-3），将其与土地利用现状图（图4-3）叠加可以统计不同土地利用类型距离河道远近的空间差异。由图5-4可以看出，耕地和城乡居住用地与河道距离的空间分布较为接近，主要集中分布在接近河道的位置，随着距离的增加，耕地和城乡居住用地数量迅速减少，距离增加到约2500 m左右，下降幅度接近平缓。之后随着距离继续增加，则面积比重变化较为平稳，耕地和城乡居住用地以零星分布为主。结合图5-5的面积累积百分比可以看出，城乡居住用地比耕地更加集中分布在趋近于河道的位置，随着距离的上升，累积百分比迅速上升，在距离河道约850 m以内的范围内，城乡居住用地面积占总面积的比例已经达到50%，而在距离河道约1500 m的位置，耕地累积百分比达到50%。相比上述两

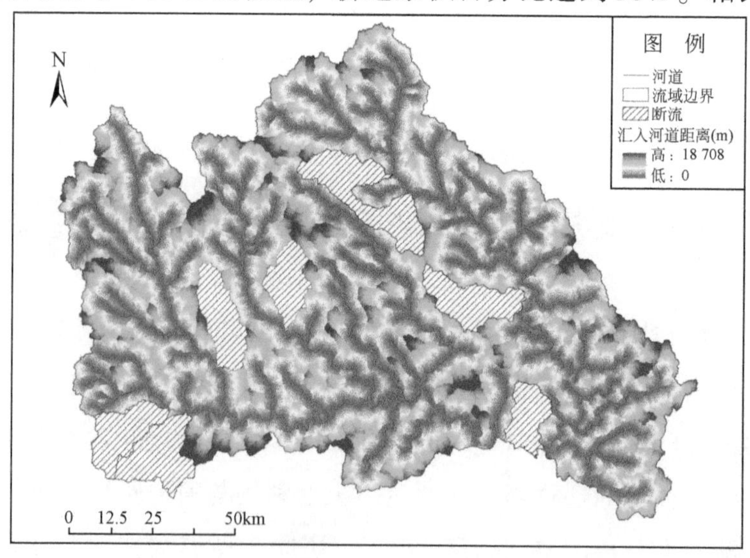

图5-3 研究区汇入河道距离空间分布

数据来源：Xu and Zhang. 2016b。

种土地利用类型，林地和草地在近河道的比重不高，随着河道距离的增加，表现为面积比重迅速增加，分别在 1 500 m 和 1 100 m 左右达到最大值；之后随着距离的增加，面积比重逐渐下降。由图 5-5 可以看出，草地随着距离的增加，累积百分比增加幅度高于林地，林地在距离河道较远的地方仍有一定的分布。

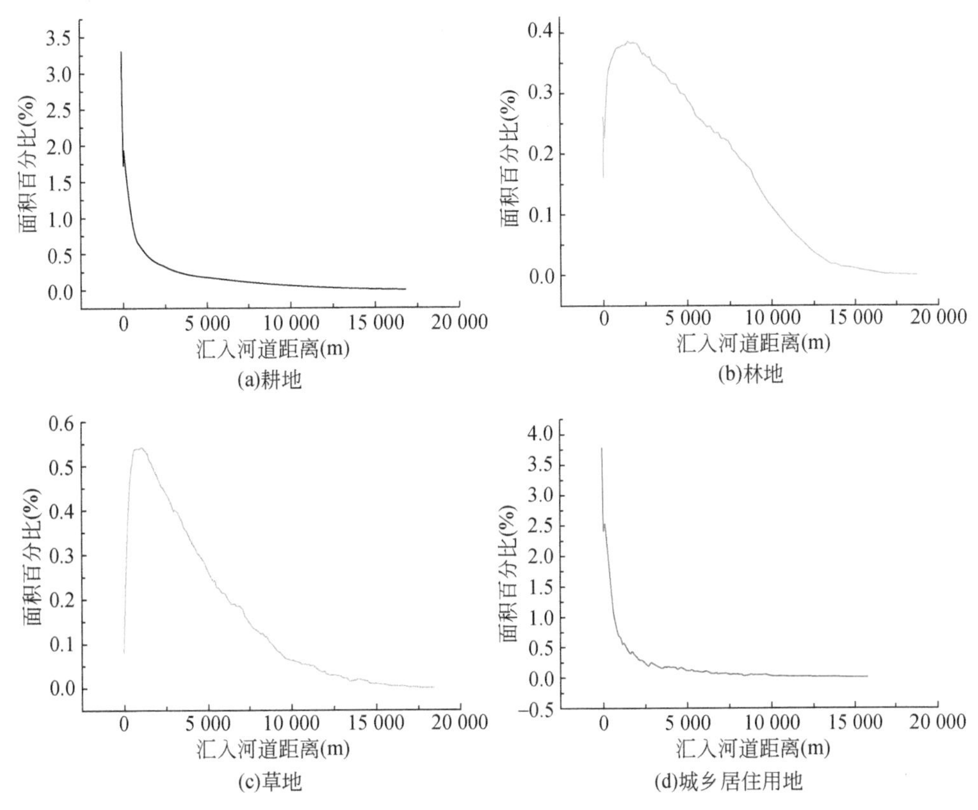

(a)耕地 (b)林地 (c)草地 (d)城乡居住用地

图 5-4 研究区不同土地利用类型汇入河道距离的面积百分比

数据来源：Xu and Zhang. 2016b。

当营养物汇入河道后，还需沿着河道内流至水质监测断面。因此，土地利用产生的营养物汇入河道的位置与水质监测断面距离，也影响着最终水质监测断面的营养物浓度。图 5-6 展示的正是不同土地利用类型相对水质监测断面的距离。类似地，叠加土地利用现状图（图 4-3）则可以统计

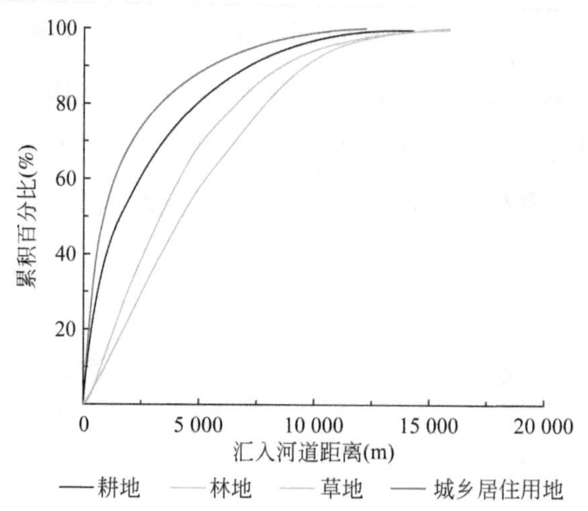

图 5-5　研究区不同土地利用类型汇入河道距离的面积累积百分比

不同土地利用类型与水质监测断面距离的空间差异（图 5-7）。从图 5-6 可以看出，不同土地利用类型随着距离的增加，面积比重呈现波动变化的趋势。耕地、草地和林地的变化趋势较为类似，即随着距离的增加，面积波动上升，在一定区间范围比重达到最大，之后则波动下降；而城乡居住用地变化趋势不同于上述三者，表现为随距离的增加面积比重波动下降的趋势。结合面积累积百分比分布图（图 5-8）可以看出，城乡居住用地的面积累积百分比随着距离的增加，上升得最快，耕地和草地次之，林地增幅最为平缓，但是差异并不明显。水质监测断面附近为一定范围内地势最低、最为平坦的地方。因此，城乡居住用地集中分布在水质监测断面附近，其他用地类型则没有明显的趋于水质监测断面分布的空间特征。

5.3.2　土地利用空间距离对地表径流营养物浓度影响的衰减函数参数确定

根据上述方法，本书共设置了 15 组参数，以确定营养物随坡面汇流和河道汇流距离衰减的参数 α_l 和 α_i，模拟土地利用空间分布距离对地表径流营养物浓度的影响，寻求最优的函数组合。考虑到不同营养物随径流迁

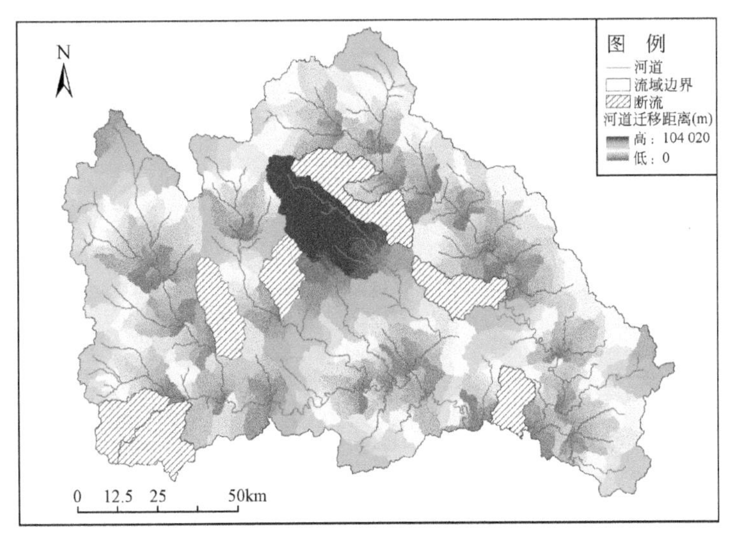

图 5-6　研究区河道内迁移距离空间分布
数据来源：Xu and Zhang. 2016b。

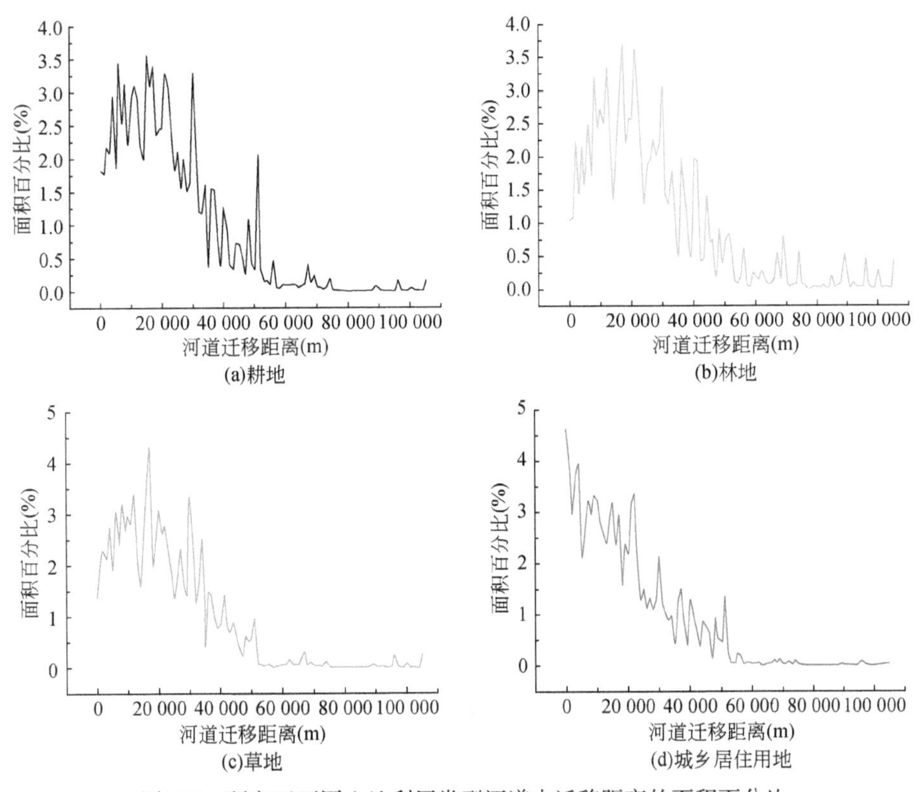

图 5-7　研究区不同土地利用类型河道内迁移距离的面积百分比
数据来源：Xu and Zhang. 2016b。

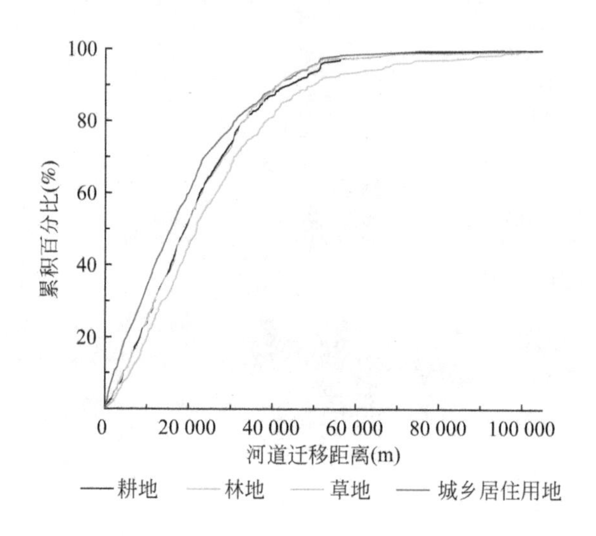

图 5-8 研究区不同土地利用类型河道迁移距离的面积累积百分比

移而衰减的程度和特征不同，本书对不同类型的营养物进行分别拟合。由于总氮和硝酸盐氮，以及 COD 和 BOD_5存在高度的线性相关，本书只对总氮和 COD 浓度与纳入空间距离的土地利用比例进行拟合，拟合确定的参数同样用于后续的调整土地利用比例计算。根据 4. 3 和 5. 2 节分析，纳入土地利用强度信息的调整耕地、草地和城乡用地比例，以及纳入坡度信息的调整林地比例，能够有效地提高土地利用对地表径流营养物的解释能力。故本节先纳入上述信息后，再进行函数拟合和参数确定。

从表5-4 到表5-11 分别列出了不同距离衰减参数 α_l和 α_i设置的调整土地利用比例与总氮、氨氮、总磷和 COD 浓度的多元线性回归的 R^2结果，包括采用以往研究方法计算的调整土地利用比例，以及本书提出的采用河道内标准化迁移距离参数修正的土地利用比例。结果表明，不同的参数组合拟合的效果差异较大，如果选择错误的参数，过高或者过低估计了土地利用空间距离的作用，纳入空间距离信息的调整土地利用比例会误导结果。只有确定合理的参数选择，才能够增加模型的解释能力。比较表中 R^2的横向变化（α_l相同，α_i不同）和纵向变化（α_l不同，α_i相同），可以看出纵向的变化较大，这表明坡面汇流距离参数更加敏感，土地利用距离河道的远近对营养物浓度的影响更显著。

比较表5-4到表5-11的结果，本书提出的采用河道内标准化迁移距离修正的土地利用比例对各子流域监测断面营养物浓度的解释能力高于以往研究的方法，在同样 α_t 和 α_i 设置下，本书提出的方法的 R^2 皆更大，但增加的幅度不同。其中，总氮、总磷和COD浓度拟合函数的 R^2 都有一定幅度的增加（分别从0.496、0.572和0.439增加到了0.512，0.609和0.447），对于氨氮解释能力提高最小（仅从0.103增加到了0.104）。比较采用河道内标准化迁移距离修正前后的调整土地利用比例在各子流域的差异，可以发现，本书提出的方法考虑了流域的形状关系。主要表现在，两个流域即使不同土地利用类型的空间距离差异较为类似，由于流域的差异，如细长型的流域，造成各土地利用类型流至水质监测断面的距离都会增加，那么距离对于径流中营养物的衰减作用就会更大，而这样的信息在以往研究中是被忽略的。因此，本书提出的修正方法能够更好地刻画土地利用空间距离对地表径流营养物浓度的影响。

表5-5～表5-9和表5-11给出的最大 R^2 分别为0.512，0.104，0.609和0.447，据此我们确定了用以模拟土地利用空间距离与营养物浓度关系的衰减函数参数，即拟合总氮浓度为 $\alpha_t=0.5$ 和 $\alpha_i=0.3$，氨氮浓度为 $\alpha_t=1$ 和 $\alpha_i=0.7$，总磷浓度为 $\alpha_t=0.3$ 和 $\alpha_i=0.1$，COD浓度为 $\alpha_t=0.3$ 和 $\alpha_i=0.1$。α_t 和 α_i 越大，表明近距离的土地利用对营养物浓度的影响越大。由此可以发现，距离对氨氮的浓度影响最大，α_t 和 α_i 的取值都是所有参数最大的；土地利用空间距离的差异对于总氮浓度的影响也较大，距离河道及水质监测断面的土地利用对总氮浓度有更大的贡献；相比之下，总磷和COD浓度对土地利用空间距离的差异较不敏感，较远距离的土地利用对流域出水口仍有一定影响。因此，α_t 和 α_i 的取值都是所有参数最小的。

表 5-4　不同距离参数设置的调整土地利用比例与总氮浓度多元回归的 R^2 比较

		α_i				
		0.1	0.3	0.5	0.7	1
α_t	0.1	0.462				
	0.3	0.479	0.482			
	0.5	0.495	**<u>0.496</u>**	0.475		
	0.7	0.493	0.493	0.46	0.337	
	1	0.441	0.447	0.4	0.249	0.468

注：加粗下划线表示所有参数设置中的最大 R^2（下同）。

表 5-5　修正的不同距离参数设置的调整土地利用比例与总氮浓度多元回归的 R^2 比较

		α_i				
		0.1	0.3	0.5	0.7	1
α_t	0.1	0.482				
	0.3	0.495	0.498			
	0.5	0.507	**<u>0.512</u>**	0.487		
	0.7	0.501	0.501	0.463	0.356	
	1	0.444	0.448	0.409	0.268	0.463

表 5-6　不同距离参数设置的调整土地利用比例与氨氮浓度多元回归的 R^2 比较

		α_i				
		0.1	0.3	0.5	0.7	1
α_t	0.1	0.050				
	0.3	0.057	0.046			
	0.5	0.053	0.047	0.041		
	0.7	0.054	0.049	0.045	0.047	
	1	0.053	0.042	0.060	**<u>0.103</u>**	0.049

表 5-7　修正的不同距离参数设置的调整土地利用比例与氨氮浓度多元回归的 R^2 比较

		α_i				
		0.1	0.3	0.5	0.7	1
α_t	0.1	0.053				
	0.3	0.060	0.058			
	0.5	0.064	0.06	0.055		
	0.7	0.065	0.061	0.057	0.058	
	1	0.053	0.045	0.058	**0.104**	0.044

表 5-8　不同距离参数设置的调整土地利用比例与总磷浓度多元回归的 R^2 比较

		α_i				
		0.1	0.3	0.5	0.7	1
α_t	0.1	0.396				
	0.3	**0.572**	0.571			
	0.5	0.557	0.556	0.527		
	0.7	0.506	0.506	0.476	0.358	
	1	0.416	0.423	0.416	0.387	0.406

表 5-9　修正的不同距离参数设置的调整土地利用比例与总磷浓度多元回归的 R^2 比较

		α_i				
		0.1	0.3	0.5	0.7	1
α_t	0.1	0.421				
	0.3	**0.609**	0.606			
	0.5	0.590	0.589	0.114		
	0.7	0.563	0.532	0.534	0.51	
	1	0.436	0.443	0.438	0.406	0.431

表 5-10　不同距离参数设置的调整土地利用比例与 COD 浓度多元回归的 R^2 比较

		α_i				
		0.1	0.3	0.5	0.7	1
α_t	0.1	0.413				
	0.3	**<u>0.439</u>**	0.419			
	0.5	0.410	0.396	0.358		
	0.7	0.358	0.344	0.345	0.271	
	1	0.245	0.245	0.273	0.239	0.259

表 5-11　修正的不同距离参数设置的调整土地利用比例与 COD 浓度多元回归的 R^2 比较

		α_i				
		0.1	0.3	0.5	0.7	1
α_t	0.1	0.429				
	0.3	**<u>0.447</u>**	0.443			
	0.5	0.426	0.425	0.391		
	0.7	0.340	0.351	0.358	0.312	
	1	0.231	0.242	0.27	0.244	0.257

5.3.3　土地利用距离与地表径流营养物浓度的关系分析

根据 5.1 节依次纳入空间距离信息的土地利用比例，构建其与营养物浓度的多元线性回归方程，本章节利用上述确定的衰减函数，采用本书提出的修正方法，计算纳入空间距离信息的调整土地利用比例，以及每种土地利用与营养物浓度的 Pearson 相关系数（表 5-12）。结果表明，空间距离信息对于土地利用特征与营养物浓度的相关程度影响有一定的不同，对于耕地、草地和林地，除草地、林地比例与氨氮浓度的 Pearson 相关系数绝对值降低外（林地从-0.174 降到-0.130，草地从 0.186 降为 0.180），其余调整后的土地利用比例与各营养物浓度的 Pearson 相关系数较原始都有一定幅度的增加，对耕地与地表径流营养物浓度的解释能力提高最大，尤其是耕地与 COD 和 BOD_5浓度的 Pearson 相关系数从 0.410 和 0.431 分别增加到了 0.564 和 0.579。林地与 COD 和 BOD_5浓度的 Pearson 相关系数分别从-0.214和-0.237 增长到了-0.314 和-0.336。林地比例与上述 COD 和 BOD_5的相关关系更是由不通过显著性检验转为通过 0.05 水平显著性检验。草地与 COD 和 BOD_5浓度的 Pearson 相关系数与林地类似，分别增加了 0.171 和 0.172，由不通过显著性检验转为通过 0.05 水平显著性检验。表明距离河道和出水口越近的耕地和草地对水质监测断面的营养物浓度的影响越大，而近距离范围内的林地则能够起到更好的拦截和过滤营养物的作用。

另外，城乡居住用地却表现出相反的趋势，纳入空间距离信息并没有提高相应土地利用比例对地表径流营养物浓度的解释能力。城乡居住用地用地与营养物浓度的 Pearson 相关系数皆有所下降，尤其是与总氮、硝酸盐氮浓度的 Pearson 相关系数下降明显，这表明城乡居住用地与营养物浓度的关系并不受空间距离的影响。分析其原因，对于城乡居住用地，其分布范围集中在河道附近和水质监测断面附近，不同子流域之间城乡居住用地的分布差异有一定的相似性，并且城乡居住用地营养物的排放可能受到人为因素的影响。因此，空间距离信息对于解释城乡居住用地对营养物浓度的关系作用不大，引入这些空间信息，反而弱化了城乡居住用地对营养物浓度的解释能力。

表 5-12　耦合空间距离的土地利用比例与营养物浓度的 Pearson 相关系数

	耕地		林地		草地		城乡居住用地	
	未调整	调整	未调整	调整	未调整	调整	未调整	调整
总氮	0.565**	**0.599****	-0.502**	-0.532**	0.528**	0.551**	0.504**	0.301*
硝酸盐氮	0.550**	**0.580****	-0.510**	-0.534**	0.526**	0.545**	0.495**	0.246
氨氮	0.070	0.101	-0.174	-0.130	**0.186**	0.180	0.102	0.092
总磷	0.615**	**0.657****	-0.528**	-0.577**	0.457**	0.533**	0.665**	0.399**
COD	0.410**	**0.564****	-0.214	-0.314*	0.166	0.337*	0.331*	0.258
BOD_5	0.431**	**0.579****	-0.237	-0.336*	0.159	0.331*	0.320*	0.222

*表示在 0.05 水平（双侧）上显著相关；**表示在 0.01 水平（双侧）上显著相关。

注：加粗为所有土地利用类型的绝对值最大的 Pearson 相关系数。

5.4 土地利用邻接关系对地表径流营养物浓度的影响

通过上述的分析发现，耕地、草地和城乡居住用地是水体营养物的重要输出源，而林地又能够有效地控制水体中的营养物，因此，有必要刻画污染输出和控制的不同土地利用类型在空间上相对的邻接关系，揭示其对水体营养物的影响。

5.4.1 土地利用邻接关系空间分布分析

应用 ArcGIS 的水文分析和栅格计算工具，本书提取了输出营养物在迁移路径上受到林地拦截和未受到拦截的耕地、草地和城乡居住用地的空间分布（图 5-9）。被拦截的耕地、草地和城乡居住用地占各自用地类型总面积的比例分别为 42.5%，71.2% 和 45.2%。再从距离河道的远近（图 5-10）来看，未拦截和被拦截的土地利用类型在空间分布上有明显差异。邻近河道的耕地多未被林地拦截而直接汇入河道，因此，随距离增加，未拦截耕地面积百分比迅速下降，相反地，被拦截耕地在距离河道最近的位置分布很少，而是随着河道距离的增加，面积比重才迅速增加，达到最大值之后，面积比重缓慢下降，即使在距离河道较远的地方仍有一定的分布。未拦截的草地和被拦截的草地在空间分布有类似的变化趋势，即随着草地与河道距离的增加，其面积比重迅速增加，不同之处在于，达到最大值之后，随着距离的继续增加，未拦截草地的面积比重迅速下降，而被拦截草地则是缓慢下降，说明在距离河道较远的地方，被拦截的草地比重更大。再看城乡居住用地，随距离的增加，未拦截的城乡居住用地面积百分比迅速下降，并且在 1100 m 左右以外已经没有分布了，被拦截的城乡居住用地表现出不同的分布特征，随着河道距离的增加，面积比重迅速增加，达到最大值之后，随着距离的增加，比重迅速下降。

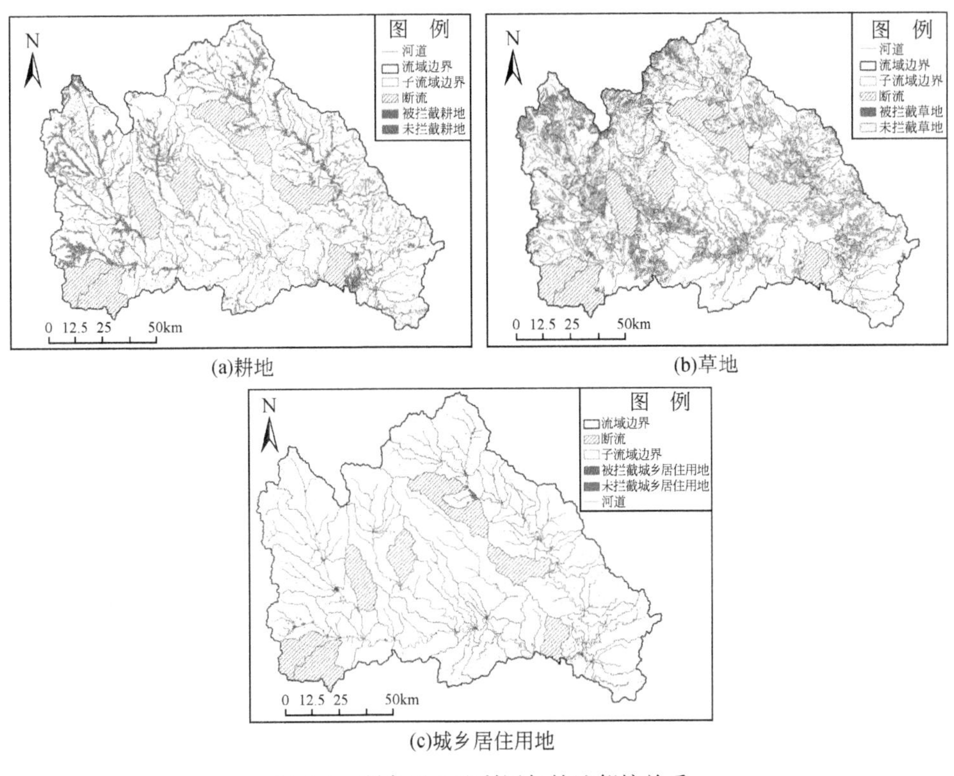

图 5-9　研究区土地利用与林地邻接关系

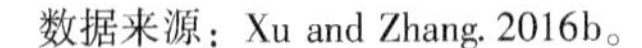

数据来源：Xu and Zhang, 2016b。

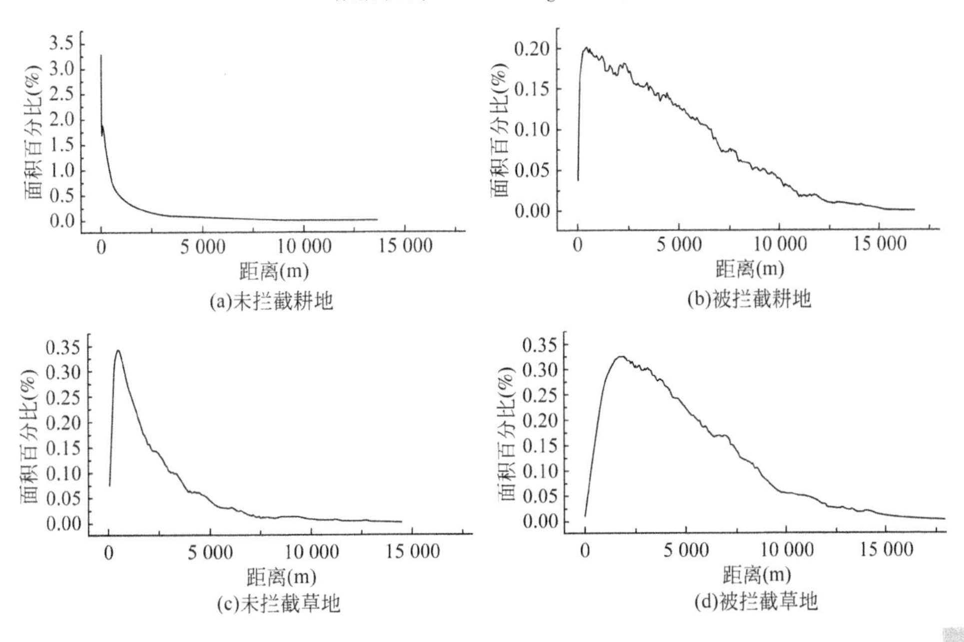

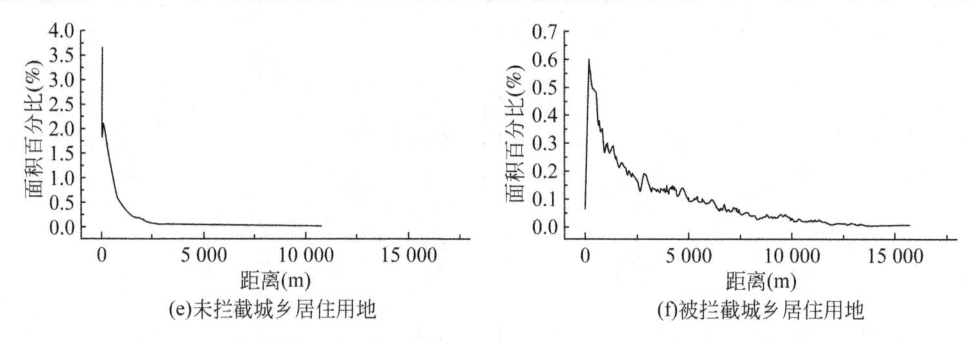

图 5-10　基于土地利用邻接关系的土地利用的面积百分比与汇入河道距离的关系

数据来源：Xu and Zhang. 2016b。

5.4.2　土地利用邻接关系与地表径流营养物浓度的关系分析

结合 5.4.1 节的研究结果，耕地和草地距离河道及水质监测断面的远近对地表径流营养物浓度有显著影响，输出污染在迁移路径上未被拦截的耕地和被拦截的耕地在空间分布上又有显著的差异，因此在纳入土地利用位置邻接关系计算调整的土地利用比例时，有必要同时考虑耕地的空间距离分布，将上述两种信息同时纳入计算。而对于城乡居住用地，上文结果表明空间距离的差异没有很好地反映土地利用对营养物浓度的影响。因此，纳入土地利用邻接关系计算调整的土地利用比例不考虑土地利用距离河道的远近。同时，土地利用强度信息仍然先被纳入计算调整的土地利用比例。

根据上述的设定，本书在提取的未削减和被削减的耕地、草地和城乡居住用地空间分布的基础上，计算不同削减参数设置的调整耕地比例与营养物浓度的 Pearson 相关系数，以确定合适的削减参数，从而更准确地刻画耕地、草地和城乡居住用地与林地邻接关系对地表径流营养物浓度的影响。削减参数越大，表明跟土地利用邻接的林地对营养物浓度的削弱作用更大，$W=0\%$ 表示被拦截后的营养物没有受到任何削减，$W=100\%$ 则表示径流中营养物被完全拦截，没有汇入河道。

由表 5-13 可以看出，耕地与林地的邻接关系对不同营养物的影响有所区别。总体上看，纳入上述两者的邻接关系并没有显著提高耕地对水体营养物浓度的解释能力，仅总磷和氨氮浓度受到林地与耕地分布相对位置的影响。具体来看，当 $W=30\%$ 时，总磷浓度与调整耕地比例的 Pearson 相关系数最大，达到 0.662，略高于不考虑耕地和林地邻接关系的 Pearson 相关系数（0.657）；$W=90\%$ 时，调整耕地比例与氨氮浓度的 Pearson 相关系数为所有参数设置中最大，但仍然没有通过显著性检验；相反地，总氮、硝酸盐氮、COD 和 BOD_5 浓度与调整耕地比例的 Pearson 相关系数都是在不考虑林地与耕地邻近关系（$W=0\%$）时达到最大。

表 5-13　不同削减参数设置的调整耕地比例与营养物浓度的 Pearson 相关系数比较

W（%）	总氮	硝酸盐氮	氨氮	总磷	COD	BOD_5
100	0.590**	0.571**	0.131	0.649**	0.529**	0.541**
90	0.592**	0.573**	**0.139**	0.654**	0.539**	0.552**
80	0.593**	0.574**	0.135	0.657**	0.542**	0.554**
70	0.594**	0.576**	0.131	0.659**	0.544**	0.557**
60	0.595**	0.576**	0.127	0.660**	0.547**	0.559**
50	0.596**	0.577**	0.127	0.661**	0.548**	0.561**
40	0.597**	0.578**	0.119	0.661**	0.550**	0.562**
30	0.598**	0.579**	0.115	**0.662****	0.552**	0.564**
20	0.598**	0.579**	0.111	0.659**	0.553**	0.565**
10	0.598**	0.598**	0.107	0.657**	0.554**	0.565**
0	**0.599****	**0.580****	0.101	0.657**	**0.564****	**0.579****

*表示在 0.05 水平（双侧）上显著相关；**表示在 0.01 水平（双侧）上显著相关。

注：加粗下划线表示所有削减参数设置中的最大 Pearson 相关系数（下同）。

再看草地，由表 5-14 可以发现，一方面，草地与林地的位置邻接关系依然没有提高对总氮和硝酸盐氮浓度的相关关系，Pearson 相关系数都是在不考虑林地与耕地邻近关系（$W=0\%$）时达到最大。另一方面，草地与林地的邻接关系提高了草地对氨氮、总磷、COD 和 BOD_5 浓度的解释能力，在 W 分别为 100%、30%、70%和 70%时，调整的草地比例与相应营养物浓度的 Pearson 相关系数最大，分别达到了 0.265、0.545、0.397 和 0.393，皆高于不考虑林地与耕地邻近关系时的原始草地比例与相应营养物浓度的 Pearson 相关系数（即 $W=0\%$，Pearson 相关系数分别是 0.186、0.533、0.337 和 0.331）。结果表明，位于草地输出的营养物随径流迁移路径上的林地，能够更有效地控制水质监测断面的氨氮、总磷、COD 和 BOD_5 浓度。

表 5-14　不同削减参数设置的调整草地比例与营养物浓度的 Pearson 相关系数比较

W（%）	总氮	硝酸盐氮	氨氮	总磷	COD	BOD_5
100	0.351*	0.341*	**0.265**	0.438**	0.361**	0.368**
90	0.406**	0.396**	0.258	0.476**	0.372**	0.379**
80	0.447**	0.437**	0.251	0.499**	0.380**	0.386**
70	0.476**	0.467**	0.246	0.512**	**0.397****	**0.393****
60	0.498**	0.490**	0.240	0.519**	0.385**	0.380**
50	0.514**	0.506**	0.224	0.522**	0.374**	0.369**
40	0.526**	0.519**	0.210	0.539**	0.364**	0.359**
30	0.535**	0.528**	0.207	**0.545****	0.356*	0.351*
20	0.542**	0.535**	0.195	0.539**	0.349*	0.343*
10	0.547**	0.540**	0.188	0.536**	0.342*	0.337*
0	**0.551****	**0.545****	0.186	0.533**	0.337*	0.331*

最后，比较纳入与林地位置邻接关系的调整城乡居住用地比例，由表 5-15 可以发现，总氮、硝酸盐的 Pearson 相关系数仍然是在不考虑与林地的邻近关系（$W=0\%$）时达到最大。而对氨氮、总磷浓度、COD 和 BOD_5 浓度，纳入两者的位置邻接关系能够更好地解释子流域的地表径流营养物浓度差异，位于城乡居住用地输出的营养物迁移路径上的林地能够更有效地控制水质污染。调整的城乡居住用地比例与营养物浓度的 Pearson 相关系数相较原始土地利用比例的相关系数，皆有一定程度的提高。$W=100\%$、40%、60% 和 60% 时，氨氮和总磷浓度与调整城乡居住用地比例与营养物浓度的 Pearson 相关系数为最大，分别是 0.289、0.690、

0.377 和 0.375。

表 5-15　不同削减参数设置的调整城乡居住用地比例与营养物浓度的 Pearson 相关系数比较

W（%）	总氮	硝酸盐氮	氨氮	总磷	COD	BOD_5
100	0.407**	0.403**	**0.289**	0.633**	0.350*	0.349*
90	0.430**	0.425**	0.272	0.652**	0.357**	0.352**
80	0.449**	0.444**	0.257	0.666**	0.368**	0.364**
70	0.465**	0.458**	0.233	0.674**	0.373**	0.370**
60	0.477**	0.470**	0.210	0.679**	**0.377****	**0.375****
50	0.486**	0.478**	0.188	0.687**	0.369*	0.356*
40	0.493**	0.485**	0.168	**0.690****	0.361*	0.346*
30	0.498**	0.489**	0.149	0.681**	0.353*	0.337*
20	0.501**	0.493**	0.132	0.675**	0.345*	0.328*
10	0.504**	0.495**	0.116	0.671**	0.338*	0.320*
0	**0.504****	**0.495****	0.102	0.665**	0.331*	0.310*

从不同营养物的角度来看，总氮和硝酸盐氮的浓度不受土地利用位置邻接关系的影响，氨氮和总磷浓度受到土地利用位置邻接关系影响最大，位于输出营养物迁移路径上的林地有效控制了氨氮和总磷的浓度，而 COD 和 BOD_5浓度受草地和城乡居住用地与林地邻接关系的影响。分析出现上述情况的原因，虽然被拦截的耕地占耕地总面积为42.5%，但却分布于距离河道较远的地方，大量位于河道附近的耕地输出的营养物都是直接汇入河道。因此，若计算基于空间距离的调整耕地比例，被拦截的耕地仅占耕地总面积的15.9%，对于水体中营养物浓度的影响已经非常有限。其次，本书主要刻画地表的土地利用与营养物浓度的关系，壤中流并没有纳入考虑。尽管林地能够有效截留地表径流，但不同营养物在径流中形态不同，总氮和硝酸盐氮多以溶解态为主，可随壤中流继续汇入到水体中，而磷则多数吸附在土壤颗粒上，在土壤中不易移动，吸附态磷更容易受到林地的拦截。因此，位于特定位置的林地能够有效地拦截总磷浓度。关于氨氮、COD 和 BOD_5浓度受草地及城乡居住用地与林地邻接关系的影响，有研究

就指出，植物的存在有氨氮的去除作用（郑少奎等，2006），可能由于林地的拦截过滤，提高了水体的自净能力，使得氨氮通过硝化作用被转化为亚硝酸氮、硝酸氮的形式；同时有机物污染也被进一步分解，降低了 COD 和 BOD_5浓度。由于没有相关样地实验数据的支持，纳入上述邻接关系信息的解释需要进一步地研究和分析。

需要指出的是，通过上述方法提出的土地利用邻接关系存在一定的不确定性。首先，本书尽管将 Landsat 8 采用全色波段合成为 15 m 分辨率，但是较窄的河岸林有可能由于分辨率的问题难以被解译；其次，耕地和城乡居住用地产生的营养物可能是由沟渠和排泄管道等渠道直接排入水体，因此，即便水文分析模拟的迁移路径上分布有林地，这部分径流中的营养物依然可以“绕过”林地而不被削减，这部分空间信息的加入需要进一步考虑。

5.5 土地利用空间信息对水体富营养化的解释能力

本章利用 GIS 空间分析技术，刻画了影响营养物随径流迁移转化过程的空间信息，包括土地利用所处坡度、土地利用单元与河道及监测断面的距离和不同土地利用位置邻接关系 3 方面内容，探讨其对各子流域水体营养物浓度的影响，结果如下。

耕地和城乡居住用地多分布在河谷等平缓地带，坡度小于 15°的比例分别达到 91.0% 和 97.7%，草地和林地多分布在坡度较大的位置；基于土地利用坡度分布差异的调整土地利用比例并未能明显提高其对子流域营养物浓度的解释能力，只有林地与营养物浓度的相关性略微增加，调整的林地比例与总氮、硝酸盐氮、氨氮、总磷、COD 和 BOD_5浓度的 Pearson 相关系数绝对值分别增加了 0.015、0.014、0.001、0.006、0.009 和 0.007。

耕地和城乡居住用地与河道距离的空间分布特征较为接近，主要集中分布在接近河道的位置，林地和草地分布在近河道区域的比重不高，且在距离河道较远的地方有一定的分布。基于坡面汇流和河道汇流两个过程，以反距离函数模拟营养物随径流的衰减过程，纳入土地利用单元与河道及监测断面距离的空间信息提高了耕地、草地和林地对营养物浓度的解释能力，尤其是耕地与 COD 和 BOD_5浓度的 Pearson 相关系数从 0. 410 和 0. 431 分别增加到了 0. 564 和 0. 579。林地及草地与 COD 和 BOD_5浓度的 Pearson 相关系数由不通过显著性检验转为通过 0. 05 水平显著性检验。相反地，城乡居住用地在纳入距离的空间分布信息后，与营养物浓度的相关性有所降低。本书提出的采用河道内标准化迁移距离修正方法考虑了子流域的形状特征，进一步提高了土地利用空间距离信息对各子流域监测断面营养物浓度的解释能力。

本节提取了输出营养物在其迁移路径上受到林地拦截和未受拦截的耕地、草地和城乡居住用地的空间分布，刻画不同土地利用类型在径流迁移路径上的位置邻接关系，“被拦截”的耕地、草地和城乡居住用地占各自用地类型总面积的比例分别为 42. 5%、71. 2% 和 45. 2%。从空间分布上看，邻近河道的耕地和城乡居住用地输出的营养物多未被林地拦截而直接汇入河道，距离河道较远位置的土地利用“被拦截”的比重更高。纳入空间位置邻接关系之后，土地利用对于地表径流营养物浓度的解释能力变化不尽相同。总氮和硝酸盐氮的浓度不受土地利用位置邻接关系的影响，氨氮和总磷浓度受到土地利用位置邻接关系影响最大，位于输出的营养物迁移路径上的林地有效控制了两者的浓度，而 COD 和 BOD_5浓度受草地和城乡居住用地与林地邻接关系的影响。

第6章　地表径流营养物浓度模拟与优化调控

土地利用的相关空间信息能够有效提高其对地表径流营养物浓度的解释能力，本章在综合纳入土地利用强度、所处坡度、与河道及监测断面的距离和土地利用位置邻接关系等信息的基础上，采用多元线性回归模型模拟子流域的营养物浓度，全面刻画土地利用对地表径流营养物浓度的影响。在模拟结果的基础上，厘定不同空间位置土地利用对监测断面营养物浓度的贡献率，设定合理的水体富营养化调控关键区域，提出相应的管理和调控措施，以有效控制研究区的水体富营养化。

6.1　多组分土地利用信息与地表径流营养物浓度关系模拟思路

6.1.1　营养物浓度多元回归模型构建

本书将土地利用强度、所处坡度、与河道及监测断面的距离和土地利用位置邻接关系等信息都纳入土地利用比例中，以耕地、林地、草地和城乡居住用地比例为自变量，构建其与水体营养物浓度的多元线性回归方程，公式如下：

$$\begin{aligned}\mathrm{NPS} &= \beta_0 + \sum_{k=1}^{n}\beta_k \times P_k' + \varepsilon \\ &= \beta_0 + \beta_1 \times P_a + \beta_2 \times P_f + \beta_3 \times P_g + \beta_4 \times P_r + \varepsilon \end{aligned} \tag{6.1}$$

$$P_k' = \frac{\sum_{j=1}^{n_k} I_j^i \times S_j' \times D_j' \times L_j'}{N} \tag{6.2}$$

式中，NPS 为对应的子流域监测断面的营养物浓度，mg/L；P_k' 为表示纳入上述土地利用信息计算的调整土地利用比例，其计算式（6.2）按照 5.1.4 节的方法，在本书中分解为 P_a、P_f、P_g 和 P_r，分别表示计算的调整耕地、林地、草地和城乡居住用地比例；β_0 为截距项，β_1、β_2、β_3 和 β_4 分别为耕地、林地、草地和城乡居住用地的系数；ε 为误差项。

为便于后续的流域水质污染管理调控量化，公式中对于耕地、草地和城乡居住用地强度的数值不进行归一化处理，保留原始量纲。同时，对单位耕地面积的利用强度（kg/hm^2）、单位草地面积的利用强度（羊单位/hm^2）、单位城乡居住用地面积的利用强度（kg/hm^2）均进行量纲处理，保证与 NPS 的单位（mg/L）相匹配。需要指出的是，本书进行回归分析时并不考虑自变量之间的共线性问题，因为建立两者的回归模型，不单单是为了在统计学上获得更好的拟合优度，更是为了更好地理解土地利用如何影响水质污染（King et al.，2005；Weller et al.，2011），从而对流域的水体富营养化进行有效的管理和控制。

通过上文的分析，计算 P_a、P_f、P_g 和 P_r 时有部分空间信息并不能提高土地利用对营养物浓度的解释能力，相反增加了误差。因此，本章在第 5 章的基础上，选择能够部分提高两者相关性的空间信息，分别计算调整的土地利用比例 P_a、P_f、P_g 和 P_r。由于总氮和硝酸盐氮以及 COD 和 BOD_5 存在高度相关，只取一种进行模拟即可，而氨氮浓度在上述分析中各土地利用对其的解释能力多数无法通过显著性检验，本章不列入模拟。因此，只对总氮、总磷和 COD 浓度进行模拟，三种营养物分别纳入的土地信息见表 6-1 ~ 表 6-3。对于土地利用空间距离和位置邻接关系的刻画中采用 5.3 节和 5.4 节中已经率定的衰减参数和削减参数，即空间距离衰减函数拟合参数分别是：总氮浓度为 $\alpha_t = 0.5$ 和 $\alpha_i = 0.3$，总磷浓度为 $\alpha_t = 0.3$ 和

$\alpha_i=0.1$，COD 浓度为 $\alpha_t=0.3$ 和 $\alpha_i=0.1$；土地利用位置邻接关系的削减参数 W 分别是：总氮浓度不纳入位置邻接关系，耕地、草地和城乡居住用地与总磷浓度分别为 30%、30% 和 40%，草地和城乡居住用地与 COD 浓度为 70% 和 60%。

表 6-1　总氮浓度模拟选取的土地利用信息

土地类型	利用强度	位置坡度	空间距离	邻接关系
耕地	√	×	√	×
林地	×	√	√	×
草地	√	×	√	×
城乡居住用地	√	×	×	×

√表示该土地利用的此类信息被选取；×表示未选取（下同）。

表 6-2　总磷浓度模拟选取的土地利用信息

土地类型	利用强度	位置坡度	空间距离	邻接关系
耕地	√	×	√	√
林地	×	√	√	×
草地	√	×	√	√
城乡居住用地	√	×	×	√

表 6-3　COD 浓度模拟选取的土地利用信息

土地类型	利用强度	位置坡度	空间距离	邻接关系
耕地	×	×	√	×
林地	×	√	√	×
草地	√	×	√	√
城乡居住用地	×	×	×	√

6.1.2　子流域栅格对营养物浓度贡献率计算

通过纳入土地利用的相关空间信息，能够定量地估算每个栅格单元对于流域水质监测断面的贡献率，从而能够辅助合理控制单元的选择和确定。这里仍然采用5.1.4节中计算栅格单元营养物浓度的贡献程度的方法，公式如下：

$$C_j = I_j^i \times S_j^{'} \times D_j^{'} \times L_j^{'} \tag{6.3}$$

式中，I_j^i 为土地利用强度系数；$S_j^{'}$ 为坡度系数；$D_j^{'}$ 为距离系数；$L_j^{'}$ 为邻接系数。为进行子流域之间的比较，本书以子流域为单元，对同一土地利用类型的栅格单元的贡献度进行标准化处理，公式如下：

$$C_j^{'} = \frac{C_j}{\sum_{j=1}^{n_k} C_j} \tag{6.4}$$

6.2　营养物浓度模拟结果

若不纳入上述的土地利用强度及相关空间信息，仅根据土地利用比例与总氮、总磷和COD浓度建立回归方程，拟合的可决系数 R^2 分别仅为0.294，0.471和0.223。对比表6-4的结果可以看出，在纳入土地利用相关信息之后，土地利用比例与总氮、总磷和COD浓度多元回归方程的 R^2 分别增加到0.532、0.685和0.489，大幅提高了土地利用对营养物浓度的解释能力。其中，总磷浓度的多元回归模型拟合效果最好，COD浓度的模拟拟合效果较差。图6-1表明，各营养物浓度实测值和模拟对应效果较好，基本围绕在1∶1对角线上下浮动。总磷浓度的实测值和预测值与该对角线的距离更近，模拟效果最好；COD浓度有个别监测点偏离对角线较远，高值部分模拟效果较差；比较三种营养物的多元回归模型，营养物浓度极值附近的预测能力较差。

比较回归模型的标准化系数，可以判断土地利用类型对相应营养物浓度的影响程度。从表6-4可以看出，总氮浓度中，耕地影响最大，标准化 β_1 为0.440；草地的影响程度次之，标准化 β_3 也达到了0.201；而城乡居

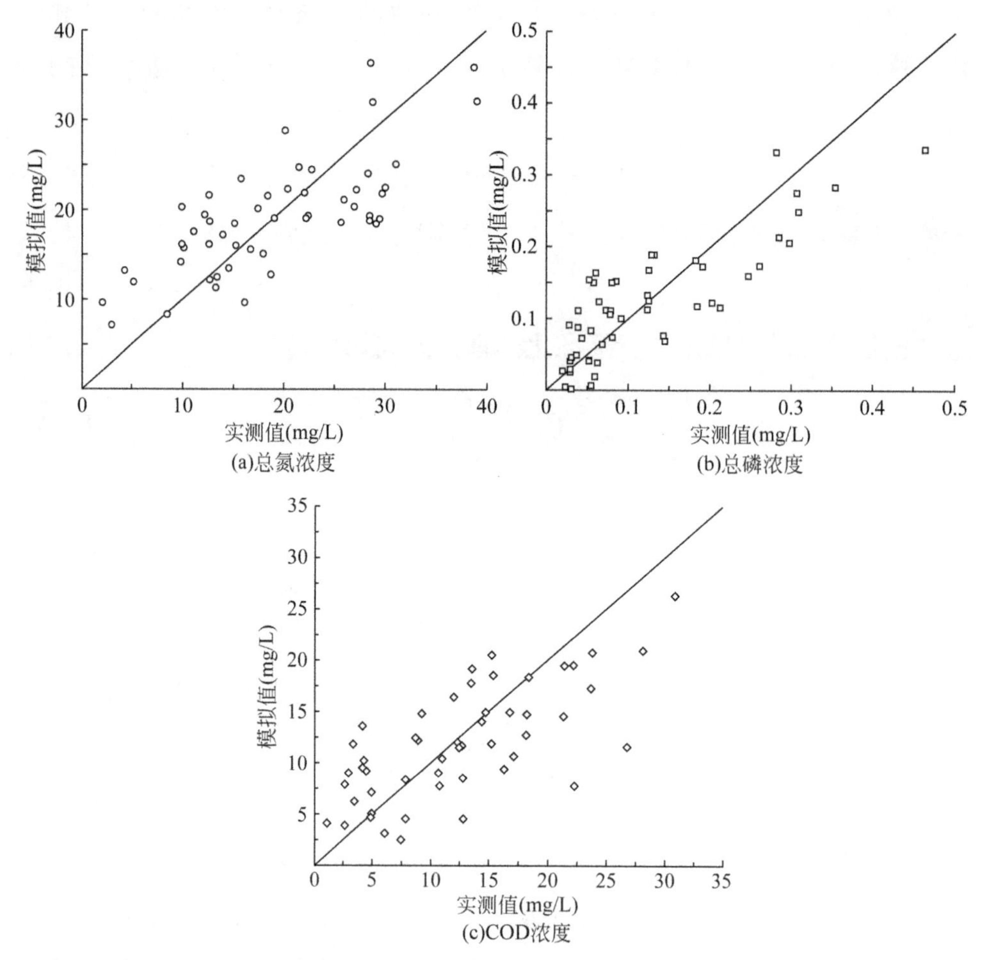

图 6-1 研究区营养物浓度实测值与模拟值对比

数据来源：Xu and Zhang. 2016c。

住用地影响最小，标准化β_4化仅为0.115，林地对总氮浓度的拦截和削弱作用低于耕地和草地等营养物输出源的影响（标准化β_2的绝对值小于标准化β_1和β_3）。总磷浓度中，城乡居住用地的标准化β_4为0.365，居各土地利用之首；耕地影响次之，标准化β_1达到了0.292；林地对总磷的削弱作用较为明显，也到了-0.265，草地影响最小。COD浓度则主要受耕地和草地的影响，标准化β_1和β_3分别达到了0.453和0.375；林地和城乡居住用地的影响则相对有限，标准化β_2和β_4明显低于β_1和β_3。

表 6-4 土地利用与营养物浓度多元回归结果

		R^2	β_0	β_1	β_2	β_3	β_4
总氮	未标准化	0.532	14.637	0.169	-14.892	7.921	0.341
	标准化			0.440	-0.187	0.201	0.115
总磷	未标准化	0.685	0.081	0.008	-0.208	0.112	0.109
	标准化			0.292	-0.265	0.032	0.365
COD	未标准化	0.489	0.710	48.535	-0.823	5.076	39.304
	标准化			0.453	-0.115	0.375	0.128

通过对一系列与营养物随径流迁移转化的土地利用相关信息的空间化表达，“再现”了营养物从产生到流至水质监测断面的关键生态水文过程。具体来讲，土地利用强度量化了同一土地利用类型营养物输出在空间上的差异，土地利用所处的坡度差异刻画了营养物输出风险的高低，土地利用与河道和监测断面距离的远近模拟了营养物输出在坡面汇流及河道汇流的衰减过程，土地利用位置邻接关系的空间识别反映了特定位置上林地对水体营养物的削减作用。上述信息的纳入量化了采用单纯土地利用比例被忽略的信息，能够有效提高土地利用对地表径流营养物浓度的解释能力。

6.3 水体富营养化调控的关键子流域识别

根据3.3.1章节中各子流域水质监测断面营养物浓度的空间差异，可以定量识别密云水库上游流域控制水体富营养化的关键子流域（图6-2）。具体来讲，总氮主要控制区有：丰宁满族自治县的南关镇、虎什哈镇和天桥镇附近的潮河中游河段，以及白河上游的马营河及中游河段；总磷主要控制区有：丰宁满族自治县的虎什哈镇、天桥镇、南关镇和长阁镇的潮河中游河段，密云区古北口镇和高岭镇、滦平区的巴克什营镇、古城川镇的潮河下游河段，以及白河上游的马营河、汤泉河和红河河段；COD主要控制区有：丰宁满族自治县的虎什哈镇和天桥镇附近的潮河中游河段，土城子镇、张百万镇、上黄旗镇和乐国镇的潮河上游河段，以及密云区古北口镇和高岭镇的潮河下游河段，赤城县云州乡、赤城县城附近的白河上游河段和马营河河段。

可以看出，大部分水体富营养化较为严重的子流域位于河北省，尽管由于较长距离的迁移路径，从河北省输出水体中的营养物到最终汇入密云水库发生了衰减和转化，但持续的营养物输入将对密云水库造成重大的水质隐患，严重威胁北京的饮用水安全。上述不同子流域水质在北京市和河北省空间分布的差异，需要引起相关政策制定的重视，实施差别化的土地利用调整和水体富营养化控制方案。

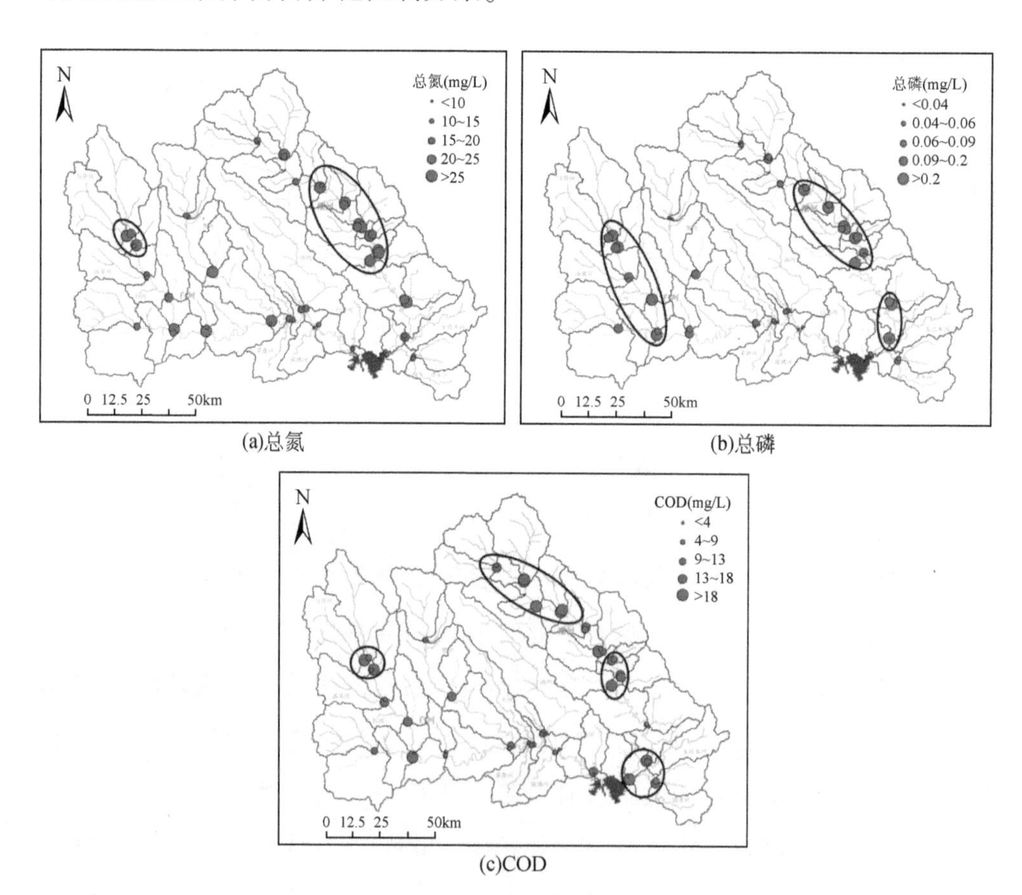

(a)总氮 (b)总磷

(c)COD

图6-2 研究区控制水体富营养化的关键子流域分布

6.4　水体富营养化调控的合理河岸带确定

为有效进行全流域的水体富营养化控制，尤其考虑到流域的各个子流域总氮浓度超标严重，除上述重点控制子流域外，各个子流域也应进行相关的水质污染优化调控。然而，在有限的资源和经济条件下，我们往往难以对整个子流域进行全局控制，而是选择距离河道一定距离的河岸带进行重点管理。按照上述方法，本书分别计算了耕地、林地、草地和城乡居住用地4类用地栅格单元对总氮、总磷和COD 3种营养物浓度的贡献率，并叠加基于径流迁移路径计算的土地利用栅格单元与河道的距离的空间分布图，分析了52个子流域的土地利用对相应水质监测断面水体营养物的贡献率与河道距离的关系，结果如图6-3～图6-5所示。由此可以看出，在厘定并纳入营养物随距离的衰减效应及土地利用位置邻接关系信息对地表径流营养物浓度的解释之后，虽然不同子流域土地利用数量结构和空间分布特征差异明显，但土地利用对水体营养物的影响均集中在河道附近，皆是距离河道最近的贡献率最高，随着距离的增加，贡献率迅速下降，只是不同子流域下降幅度有所差异，在一定范围内波动，之后基本趋近于0。

由图6-3～图6-5中可以比较各土地利用类型对不同营养物浓度贡献率随距离变化的幅度和各子流域变化的波动幅度。耕地的影响集中在河道附近，个别子流域中直接与河道相邻的耕地的贡献率最高，可达近70%，并且各子流域的耕地影响都表现出随距离的增加而迅速下降的一致变化。草地的变化幅度次之，距离河道最近的草地贡献率最高可接近50%，但不同子流域随距离的增加表现出一定的差异，个别子流域在距离较大时草地仍有一定贡献率。城乡居住用地尽管空间距离的差异没有被纳入对水体营养物的解释中（表6-1～表6-3），但由于其集中分布在河道附近，因此其对水体营养物的影响仍是随距离的增加而迅速下降。同时，由于不同子流域的城乡居住用地空间分布差异明显，使得不同子流域下降的幅度并不相同，波动幅度明显。林地对营养物的拦截和削减作用也表现出随距离的增加而下降的趋势，由图6-3～图6-5可以看出，林地对水体营养物的影响随距离的变化不如耕地和草地明显，尽管距离河道较近的单位数量林地的贡献率更大，但由于近河道的林地比重较低（见5.3.1节结果），坡度较缓，因此距离河道较远的林地对水体营养物浓度仍有较高的贡献率。

上述各土地利用类型贡献率随河道距离变化的差异有以下三方面的原因：①受土地利用自身空间分布的影响，如耕地和城乡居住用地集中分布在河道附近；②由于纳入的空间距离信息考虑了营养物随径流的衰减过程，近河道的土地利用对地表径流营养物浓度影响更大，使得原本近河道范围分布较少的草地和林地对地表径流营养物浓度也有较大的影响；③纳入土地利用位置邻接关系信息，距离河道较远位置的土地利用被拦截的比重更高，进一步削减了这些耕地、草地和城乡居住用地输出的总磷和COD。

比较不同的营养物可以看出，各土地利用对三种污染的影响趋势一致，但是由于营养物随距离衰减的敏感性不同（体现为坡面汇流和河道汇流距离衰减参数α_t和α_i的差异，总氮浓度为$\alpha_t=0.5$和$\alpha_i=0.3$，总磷浓度为$\alpha_t=0.3$和$\alpha_i=0.1$，COD浓度为$\alpha_t=0.3$和$\alpha_i=0.1$），以及营养物迁移路径上被林地拦截的幅度不同（体现为邻接关系的削减系数W的差异，总氮浓度不纳入位置邻接关系，耕地、草地和城乡居住用地与总磷浓度分别为30%、30%和40%，草地和城乡居住用地与COD浓度为90%和80%），使得土地利用对营养物的贡献随距离的增加变动幅度存在一定差异。其中，土地利用对总氮的贡献最为敏感，随距离的增加贡献率下降最快，子流域变动幅度相对较小，总氮和总磷变化趋势较为相似。

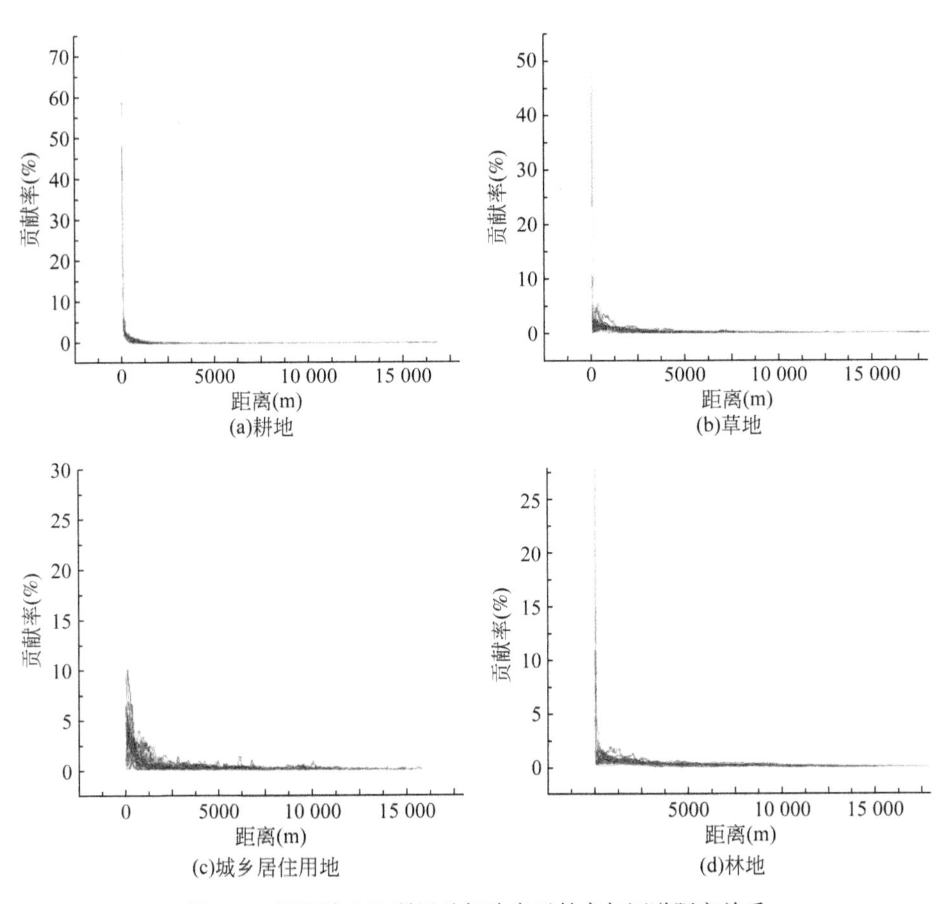

图 6-3　子流域土地利用总氮浓度贡献率与河道距离关系

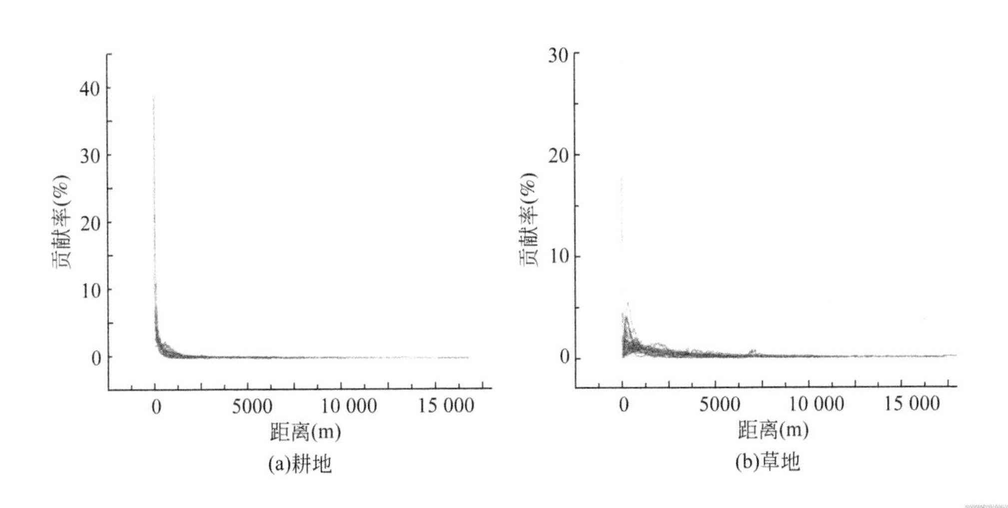

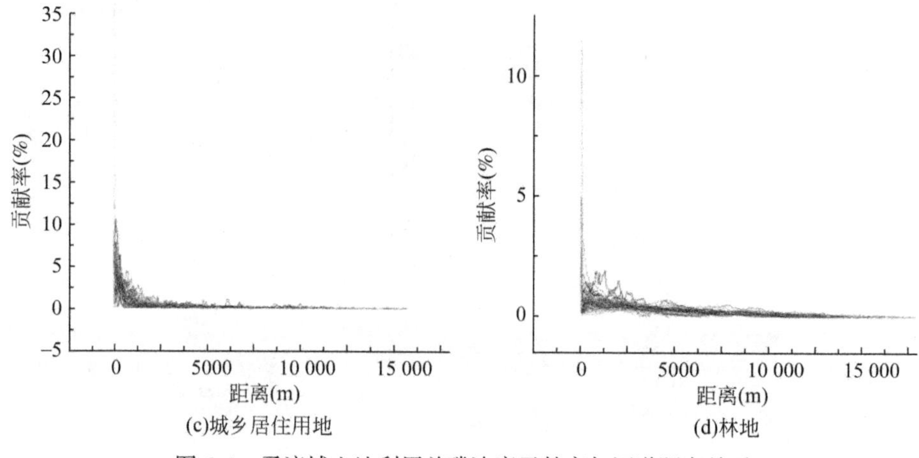

图 6-4　子流域土地利用总磷浓度贡献率与河道距离关系

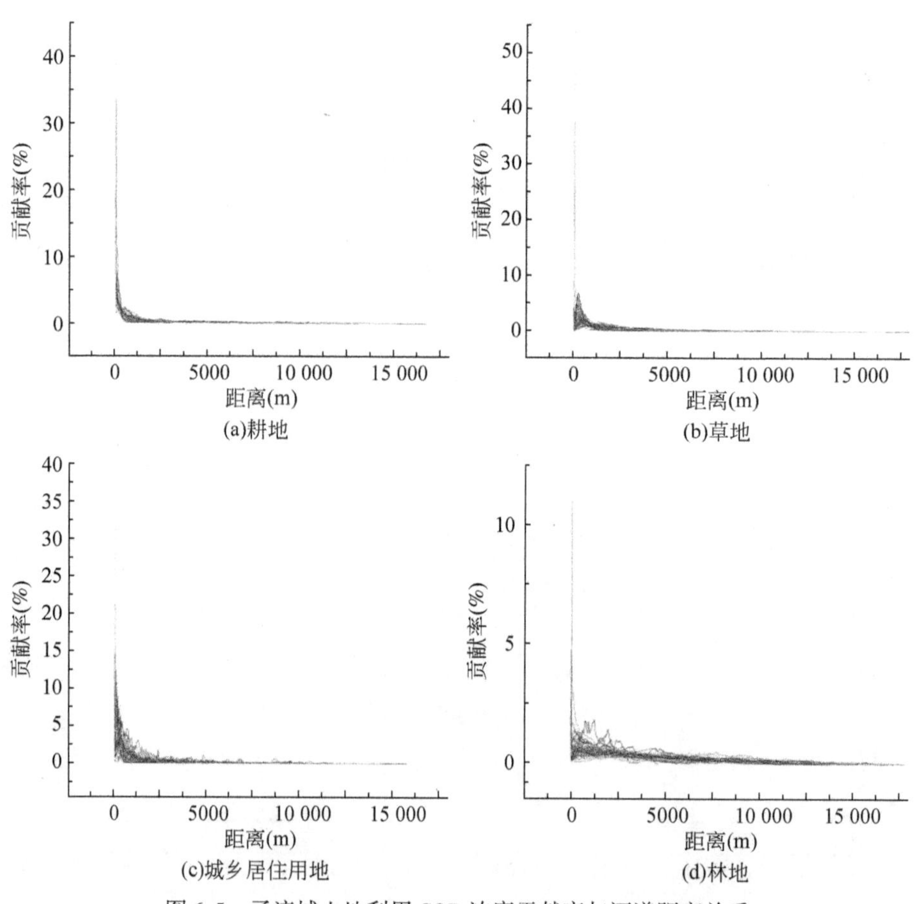

图 6-5　子流域土地利用 COD 浓度贡献率与河道距离关系

数据来源：Xu and Zhang. 2016c。

为确定较为合理的河岸带控制距离，本书统计了各子流域土地利用对水质监测断面的营养物浓度平均累积贡献率与河道距离的关系，并与相应距离范围内的土地利用面积累计百分比进行比较（图6-6～图6-8）。从控制污染物输出源的角度考虑，设置河岸带的距离主要考虑耕地、草地和城乡居住用地的影响，暂不考虑林地。此外，为了综合评估3种土地利用对地表径流营养物浓度的总贡献率，图6-6～图6-8分别按照各营养物浓度的多元回归方程，对耕地、草地和城乡居住用地的影响进行叠加求和，计算各子流域3种水体营养物输出源的累积贡献率和面积百分比与河道距离的关系。

对应每个距离，可以比较土地利用贡献率和面积百分比，若两者的差距较大，则表明在该距离范围内，较小的面积有较大的污染贡献率，在该范围内进行管理能够发挥较大的水体营养物控制作用。由图6-6～图6-8中可以看出，在距离较小时，土地利用贡献率和面积百分比差距较大，随着距离的增加，两者差距进一步拉大，增加到最大值之后，差距逐渐缩小，最后趋于重叠。类似经济学的边际效应，遵循效率最优的原则，理论上，当两者差值增加时，表明同样空间面积比例的增加，控制营养物的贡献率更大；当差值增加到最大时，表明能够以尽可能小的河岸带范围控制尽可能多的地表径流营养物贡献。

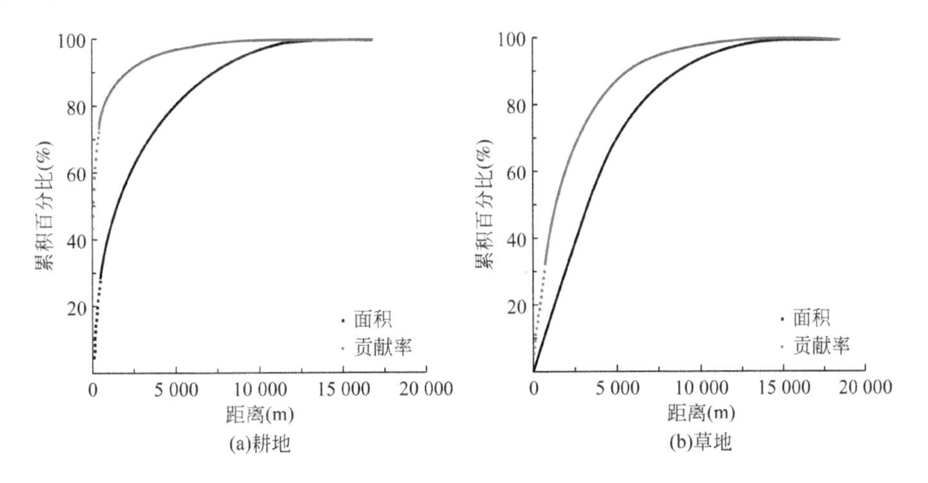

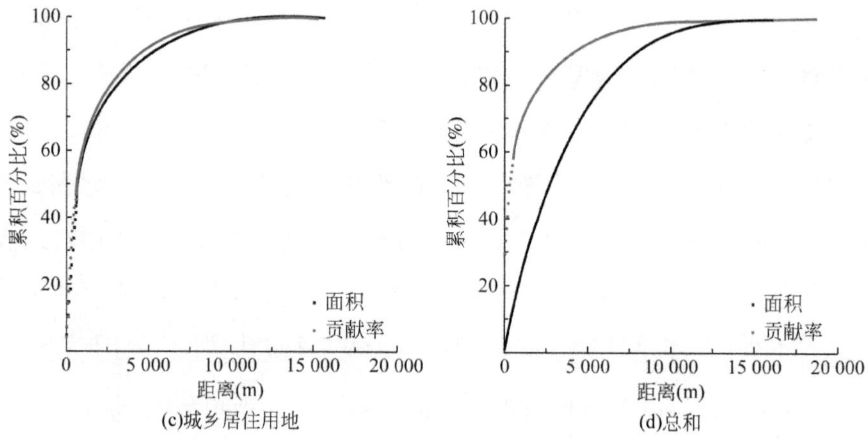

图 6-6 研究区土地利用面积与总氮浓度累积贡献率与河道距离关系

数据来源：Xu and Zhang. 2016c。

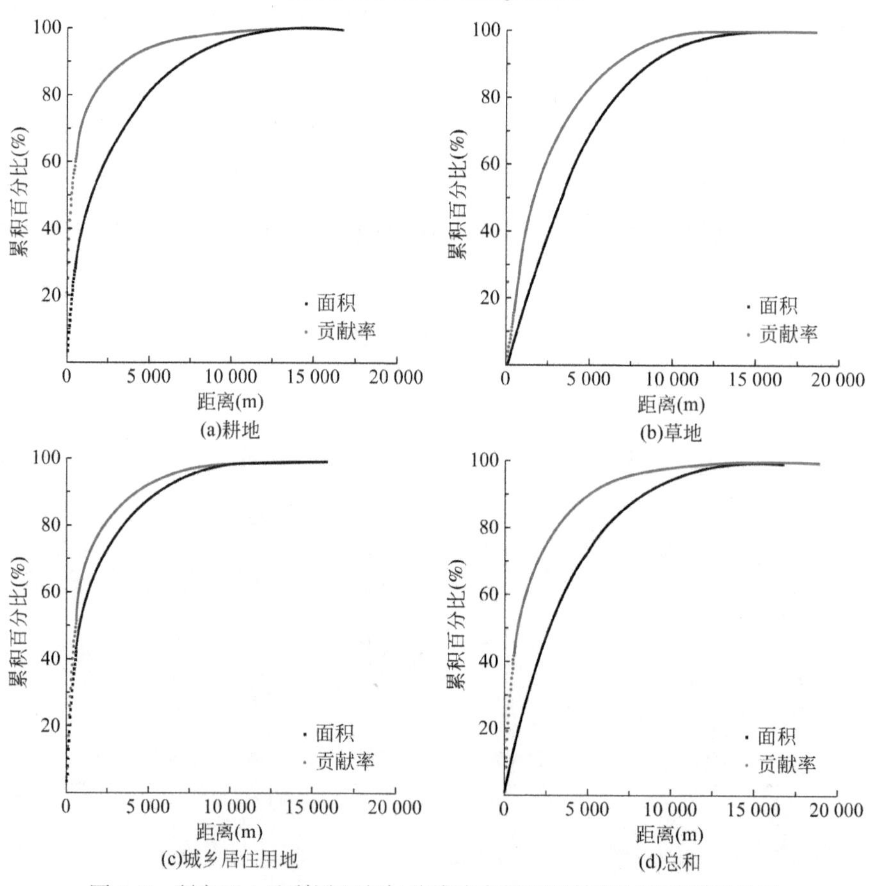

图 6-7 研究区土地利用面积与总磷浓度累积贡献率与河道距离关系

数据来源：Xu and Zhang. 2016c。

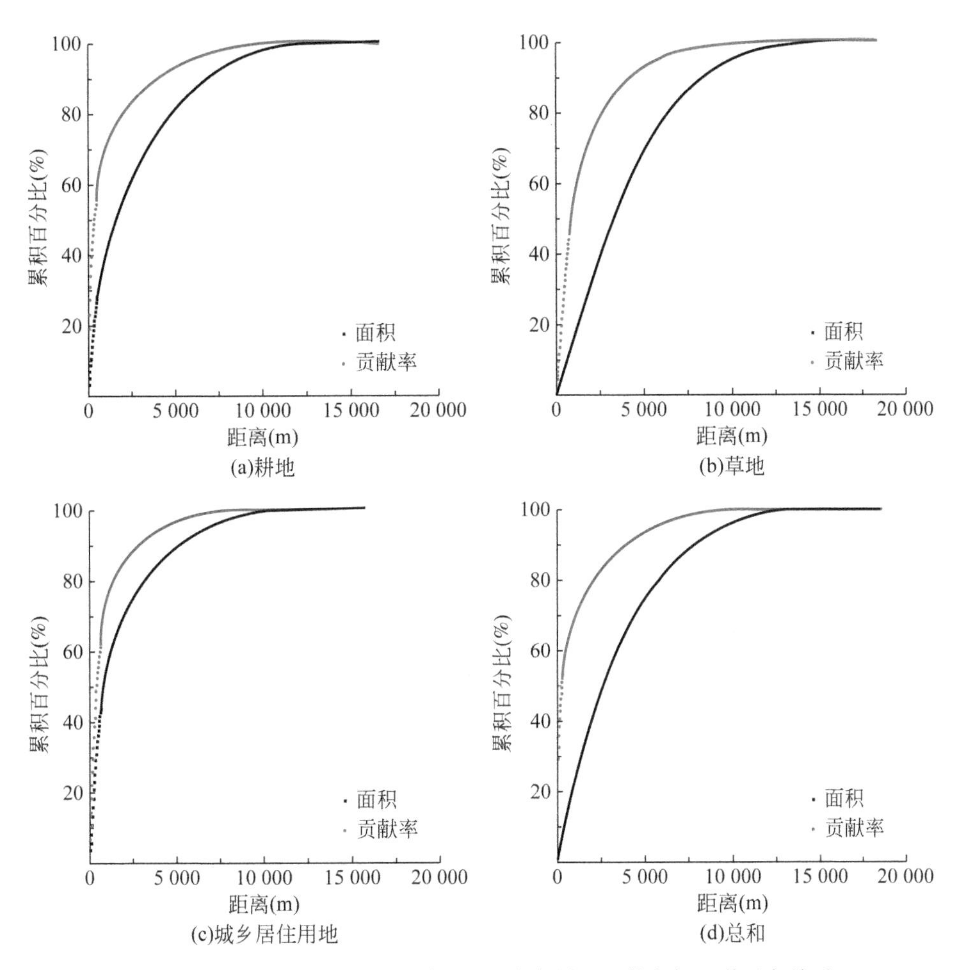

图 6-8　研究区土地利用面积与 COD 浓度累积贡献率与河道距离关系

数据来源：Xu and Zhang. 2016c。

由图 6-6 ~ 图 6-8 可看出，不同的土地利用类型的污染累积贡献率和面积百分比的差值存在差异，达到最大差值的距离并不相同。可以发现，耕地的贡献率和面积百分比的差距在较小距离时最为明显，达到最大差值的距离最短，城乡居住用地次之，草地达到最大差值的距离较大。考虑到距离对不同营养物影响的差异，本书首先对单一营养物合理控制距离进行分析和确定。需要指出的是，进行河岸带范围的划分是为了进行有效的管理，距离的确定从实际操作的角度，不需要也没有意义精确到十位数甚至个位数。因此，本书确定的距离是一个实际可操作的最优距离。

表6-5～表6-7分别给出了部分河道距离范围内土地利用的面积和总氮、总磷和COD浓度贡献的累积百分比。耕地贡献率和面积百分比差距达到最大值皆在约500 m左右的距离。在该范围内，27.2%的耕地比例贡献了所有耕地74.0%的总氮污染、58.7%的总磷污染和55.0%的COD污染；草地对总氮和总磷浓度贡献率和面积百分比差距达到最大值在约2000 m左右的距离，营养物贡献率分别达到了59.6%和53.7%，对COD则是在1500 m左右差距达到最大值，该范围内污染贡献率达到64%；城乡居住用地两者差距最大值对于总氮和总磷是在1500 m左右的距离达到，COD则是在1000 m左右达到，但是两者的差距的绝对值相比耕地和草地小。累积耕地、草地和城乡居住用地的贡献率和面积，总氮、总磷和COD浓度的贡献率和面积百分比差距达到最大值分别在1000 m，1500 m和1000 m，对营养物的贡献率分别达到了67.3%，64.6%和67.3%。

综合评估上述的结果，考虑到密云水库上游流域总氮浓度污染较为严重，总磷和COD污染程度较轻，同时，从更为经济合理的角度出发，本书认为距离河道1000 m的迁移路径范围为密云水库上游流域的关键控制范围，这一范围内包含了全流域39.9%的耕地、14.2%的草地和53.4%的城乡居住用地，控制的总氮、总磷和COD浓度的贡献率分别达到了67.3%，55.0%和67.3%。

表6-5　不同河道距离范围内土地利用的面积和总氮浓度贡献的累积百分比

距离（m）	耕地			草地			城乡居住用地			总和		
	面积（%）	贡献（%）	差值（%）	面积（%）	贡献（%）	差值（%）	面积（%）	贡献（%）	差值（%）	面积（%）	贡献（%）	差值（%）
100	7.0	50.3	43.3	0.3	6.9	6.6	8.2	9.2	1.0	2.8	35.7	32.9
200	14.1	60.3	46.2	1.3	11.3	10.0	18.2	20.5	2.3	6.0	44.4	38.4
500	27.2	74.0	**46.8**	5.7	23.5	17.8	37.4	41.4	4.0	13.8	56.7	42.9
1000	39.9	82.5	42.6	14.2	39.1	24.9	53.4	57.3	3.8	23.9	67.3	**43.4**

续表

距离 (m)	耕地			草地			城乡居住用地			总和		
	面积 (%)	贡献 (%)	差值 (%)	面积 (%)	贡献 (%)	差值 (%)	面积 (%)	贡献 (%)	差值 (%)	面积 (%)	贡献 (%)	差值 (%)
1500	48.9	86.9	38.0	23.3	50.9	27.6	63.1	67.6	**4.5**	33.0	74.2	41.2
2000	55.8	89.7	33.7	31.7	59.6	**27.9**	69.9	74.0	4.1	40.9	79.0	38.1
2500	61.4	91.6	30.2	39.1	66.4	27.3	74.5	78.3	3.8	47.6	82.6	35

注：加粗表示土地利用贡献率和面积百分比差距达到最大值（下同）。

表 6-6　不同河道距离范围内土地利用的面积和总磷浓度贡献的累积百分比

距离 (m)	耕地			草地			城乡居住用地			总和		
	面积 (%)	贡献 (%)	差值 (%)	面积 (%)	贡献 (%)	差值 (%)	面积 (%)	贡献 (%)	差值 (%)	面积 (%)	贡献 (%)	差值 (%)
100	7.0	29.7	22.7	0.3	3.4	3.1	8.2	11.0	2.8	2.8	14.1	11.3
200	14.1	42.4	28.3	1.3	7.1	5.8	18.2	23.6	5.4	6.0	23.9	17.9
500	27.2	58.7	**31.5**	5.7	18.3	12.6	37.4	45.8	8.4	13.8	40.7	26.9
1000	39.9	70.7	30.8	14.2	33.0	18.8	53.4	62.1	8.7	23.9	55.0	31.0
1500	48.9	77.5	28.6	23.3	44.6	21.3	63.1	71.9	**8.8**	33.0	64.6	**31.6**
2000	55.8	82.0	26.2	31.7	53.7	**22.0**	69.9	77.9	8.0	40.9	71.2	30.3
2500	61.4	85.1	23.7	39.1	61.0	21.9	74.5	81.9	7.4	47.6	76.0	28.4

表 6-7　不同河道距离范围内土地利用的面积和 COD 浓度贡献的累积百分比

距离 (m)	耕地			草地			城乡居住用地			总和		
	面积 (%)	贡献 (%)	差值 (%)	面积 (%)	贡献 (%)	差值 (%)	面积 (%)	贡献 (%)	差值 (%)	面积 (%)	贡献 (%)	差值 (%)
100	7.0	27.2	20.2	0.3	6.8	6.5	8.2	14.4	6.2	2.8	35.7	32.9
200	14.1	39.2	25.1	1.3	13.7	12.4	18.2	29.3	11.1	6.0	44.4	38.4
500	27.2	55.0	**27.8**	5.7	32.4	26.7	37.4	53.7	16.3	13.8	56.7	43.0
1000	39.9	67.2	27.3	14.2	51.9	37.7	53.4	70.4	**17.0**	23.9	67.3	**43.4**
1500	48.9	74.3	25.4	23.3	64.0	**40.7**	63.1	79.2	16.1	33.0	74.2	41.2
2000	55.8	79.1	23.2	31.7	71.8	40.1	69.9	84.4	14.5	40.9	79.0	38.1
2500	61.4	82.5	21.1	39.1	77.5	38.4	74.5	87.9	13.4	47.6	82.6	35.0

6.5 水体富营养化控制和调控措施建议

6.5.1 实施公平和透明的补偿

日益增长的饮用水需求逐渐加剧北京市和河北省的水资源矛盾，目前北京市和中央政府已经实施了一系列对河北省沿岸居民的补偿政策和措施，以增加北京的水资源供给，并提高水资源质量。但是，补偿的水平仍然不足以弥补农户收入的减少和生产的损失，降低了相关人员参与政策的意愿，亟须制定和实施更为公平和透明的补偿政策，以减少营养物的排放，有效控制流域的水体富营养化。

6.5.2 降低土地利用强度

为有效提高北京市的水资源供给，研究区在过去近二十年土地利用数量结构发现了显著的变化，例如，“稻改旱”政策的实施有效减少了流域农业水资源的消耗。然而，经过这些年的努力，未来一段时间，土地利用数量结构很难发生显著的变化，因此，土地利用优化调整应致力于土地利用强度的控制。

6.5.3 优化农田施肥管理

流域单位耕地面积的化肥施用折纯量强度高于全国的平均水平，更远高于国际公认的化肥施用安全上限。过量施用的化肥并没有被作物完全吸收，而是在土壤中富集并随地表径流流失，过高的化肥施用成为重要的水质污染源之一。因此，为有效控制农田污染源，需要精细和集约农田的施肥管理，降低单位面积的农田化肥使用量，优化施肥管理方式，平衡氮、磷、钾的比例，以及有机肥、无机肥的比例，使投入农田的养分释放量和作物的需求量相匹配。尤其是潮河中游丰宁满族自治县的天桥镇、南关镇和胡麻营乡，以及滦平区的付家店乡和两间房乡等化肥施用量过高的地区需要重点控制。

6.5.4　加强牲畜粪便的处理

研究区的畜禽养殖业发展较快，尤其是非规模化养殖场粪便处理率低，应加强牲畜粪便的科学处理，削减畜禽养殖非点源的污染。同时，发展沼气是解决农村畜禽污染的有效方式。沼气发酵技术使人畜粪便、种植业、养殖业的残余物全部进入沼气池发酵，既可以有效控制畜禽污染，还可以将农村生活中的污水、垃圾通过微生物的作用转化为可再利用的新能源，提高了物质的利用率，减少了环境污染（王晓燕等，2009b）。

6.5.5　建设林地过滤带和河岸缓冲带

根据本书的分析，距离河道和水质监测断面的林地对水体营养物有更好的控制作用，同时，在迁移路径上的林地还能有效地拦截总磷和 COD。但是，目前研究区近河道的林地比重并不高，并且在耕地产生的营养物的迁移路径上，大部分没有林地过滤带的拦截，致使营养物直接汇入水体。因此，应该在上文确定的距离河道迁移路径距离 1 000 m 的范围内，结合土地利用的空间距离和相对位置，设立一定宽度的林地过滤带，从而有效对径流中的营养物进行拦截和过滤。

6.6 土地利用信息提取与管理对水体富营养化控制的应用

本节将土地利用强度、所处坡度、与河道及监测断面的距离和位置邻接关系都纳入土地利用比例中，构建土地利用与营养物浓度的多元线性回归方程。土地利用比例与总氮、总磷和 COD 浓度多元回归方程的 R^2 分别从 0.294，0.471 和 0.223 增加到了 0.532，0.685 和 0.489，大幅提高了土地利用对地表径流营养物浓度的解释能力，多元回归模型主要在营养物浓度极值附近的预测能力较差。总氮浓度中，耕地影响最大，标准化 β_1 达到 0.440，草地的影响程度次之，而城乡居住用地影响最小；总磷浓度中，城乡居住用地的标准化 β_4 为 0.365，居各土地利用之首，耕地影响次之，林地对总磷的削弱作用较为明显，草地影响最小；COD 浓度则主要受耕地和草地的影响，标准化 β_1 和 β_3 分别达到了 0.453 和 0.375，林地和城乡居住用地的影响则相对有限。

根据各子流域水质监测断面营养物浓度的空间差异，定量识别密云水库上游流域控制总氮、总磷和 COD 等水质污染的关键子流域。为有效进行全流域的水质污染控制，本章分析了 52 个子流域的土地利用对相应监测断面水体营养物浓度的贡献率与河道距离的关系，表明土地利用对地表径流营养物浓度的影响集中在河道附近。比较各子流域不同距离下土地利用对水质监测断面的营养物浓度的平均累积贡献率及面积累计百分比，从更为经济合理的角度出发，本书确定了距离河道 1000 m 的迁移路径范围为水体富营养化的关键控制范围。最终，本书提出了实施公平和透明的补偿制度，降低土地利用强度，优化农田施肥管理，加强牲畜粪便的处理和建设林地过滤带和河岸缓冲带等水体富营养化控制和调控措施建议。

第7章　结论与展望

7.1　土地利用特征刻画及其与水体富营养化的关系

定量刻画土地利用与地表径流营养物的关系，才能厘定土地利用对地表径流营养物的影响，以有效进行流域土地利用管理，控制水体富营养化。土地利用与营养物的产生及迁移转化的整个机理过程密切相关，针对以往国内外对于土地利用的空间信息考虑的不足，本书以密云水库上游流域为研究区，基于覆盖全流域52个子流域的水质采样，以2013年7～9月的总氮、硝酸盐氮、氨氮、总磷、COD和BOD_5浓度作为水质污染的表征，揭示流域地表径流营养物浓度的时空变异特征。在分析流域土地利用数量结构的基础上，对土地利用强度、土地利用单元所处位置坡度、土地利用单元距离受纳水体的远近及土地利用相互邻接关系等信息进行量化，深入刻画了土地利用空间信息，系统探讨了流域土地利用对地表径流营养物浓度的影响。主要结论如下。

7.1.1　地表径流营养物浓度时空特征

总体上，该时段流域水体富营养化状况不容乐观，其中总氮污染最为严重，为劣V类水的水平，硝酸盐氮和BOD_5污染次之，氨氮、总磷和COD污染较轻；7～9月，总氮、硝酸盐氮、COD和BOD_5浓度呈现增加趋势，氨氮和总磷浓度则呈现减少趋势。在空间分布上，潮河流域地表径流营养物浓度明显高于白河流域，流域上游和下游的水质相比中游较好，污染较轻的河段主要包括丰宁满族自治县小坝子镇的潮河流域上游河段，白河流域的黑河上游、天河、汤河、琉璃河以及白河主河道下游河段；而流域中游污染最为严重，包括南关镇、虎什哈镇和天桥镇附近的潮河中游河段及红河与白河主干交汇的白河流域中段的水体富营养化状况需要重点控制。

7.1.2 流域土地利用数量特征及其对地表径流营养物浓度的影响

密云水库上游流域以林地、草地和耕地为主，分别占研究区土地总面积的56.9%、25.1%和14.3%，52个子流域的土地利用结构差异显著。耕地、草地和城乡居住用地是流域水体营养物重要的输出源，林地又能够有效控制流域水体的富营养化。比较各土地利用比例和水体营养物浓度的Pearson相关系数，总氮和硝酸盐氮浓度主要受耕地、草地和林地比例的影响，总磷浓度与耕地、林地、草地和城乡用地比例都呈显著相关关系，COD和BOD_5浓度则主要受耕地比例影响，氨氮浓度与各土地利用比例相关性都较低。

7.1.3 土地利用强度对地表径流营养物浓度的影响

基于乡镇统计数据和土地利用现状图，本书计算了单位耕地面积的氮磷施用量、单位草地面积的载畜量，单位城乡居住用地面积的畜禽饲养量和人口承载量，刻画了不同子流域耕地、草地和城乡居住用地利用强度的差异。在纳入土地利用强度信息、量化同一土地利用作为污染物输出源的空间差异信息后，除城乡居住用地与COD和BOD_5浓度的Pearson相关系数有所下降外，调整后的土地利用比例与营养物浓度的Pearson相关系数都有明显的增加，强度信息提高了土地利用对地表径流营养物浓度的解释能力。

7.1.4　土地利用空间分布对地表径流营养物浓度的影响

耕地和城乡居住用地多分布在河谷等平缓地带，草地和林地多分布在坡度较大的位置。在纳入坡度分布差异信息后，并未能明显提高对营养物浓度的解释能力，只有林地比例与营养物浓度的相关性略微增加。耕地和城乡居住用地集中分布在接近河道的位置，林地和草地在距离河道较远的地方仍有一定分布；基于坡度汇流和河道汇流迁移路径，本书以反距离函数模拟营养物随径流的衰减过程，纳入上述土地利用空间距离信息提高了耕地、草地和林地对营养物浓度的解释能力，城乡居住用地与营养物浓度的相关性却有所降低。本书提出的河道内标准化迁移距离修正方法考虑了子流域的形状特征，提高了土地利用空间距离信息对营养物浓度的解释能力。输出营养物在迁移路径上受到林地拦截的耕地、草地和城乡居住用地占各自用地类型总面积的比例分别为 42.5%、71.2% 和 45.2%；纳入空间位置邻接关系之后，总氮和硝酸盐氮的浓度不受土地利用位置邻接关系的影响，氨氮和总磷浓度受到土地利用位置邻接关系影响最大，位于输出营养物迁移路径上的林地有效控制了两者的浓度，而 COD 和 BOD_5 浓度仅受草地和城乡居住用地与林地邻接关系的影响。

7.1.5　地表径流营养物浓度模拟与优化调控

将土地利用强度、所处坡度、空间距离和位置邻接关系 4 方面信息纳入计算调整的土地利用比例，构建土地利用与总氮、总磷和 COD 浓度的多元线性回归方程，土地利用比例与上述三者多元回归方程的 R^2 分别从未纳入任何信息的 0.294、0.471 和 0.223 增加到了 0.532、0.685 和 0.489，大幅提高了土地利用对地表径流营养物浓度的解释能力。根据各子流域水质监测断面营养物浓度的空间差异，定量识别影响密云水库上游流域水体富营养化的关键子流域。从经济合理的角度，为有效进行全流域水体富营养化的控制，通过比较各子流域不同距离下土地利用对水体营养物浓度的平均累积贡献率及面积累计百分比，本书确定了距离河道 1 000 m 迁移路径范围的河岸带为控制密云水库上游流域水体富营养化的关键范围。最终提出了实施公平和透明的补偿制度，降低土地利用强度，优化农田施肥管理，加强牲畜粪便的处理和建设林地过滤带，以及河岸缓冲带等水体富营养化控制和调控措施与建议。

7.2 未来研究方向和展望

本书以密云水库上游流域为研究区，深入挖掘和刻画了与地表径流营养物浓度相关的土地利用空间信息，探讨其对营养物的影响，为丰富土地利用和地表径流营养物关系研究的理论和方法、有效控制和管理密云水库上游流域水体富营养化提供科学参考。由于地表径流营养物和土地利用本身的复杂性，以及本书数据收集和作者认知水平等方面的限制，本书仍存在一些不足，一些结论需要进一步的凝练和解释，一些方法需要进一步研究和完善，许多工作需要进一步开展和深入。具体有以下几个方面。

1）本书只能对覆盖研究区的 52 子流域进行雨季 3 个月的水体样品采样，尽管通过 Alpha 信度系数检验，各子流域的总氮、硝酸盐氮、总磷、COD 和 BOD_5浓度 7 ~9 月一致性较好，可反映雨季该流域的水体中营养物水平，但仍需对各子流域进行长期的定位监测，以更加全面地表征各子流域的水质污染特征。

2）本书主要基于 Landsat 8 影像和 DEM 数字高程模型提取土地利用的空间信息，由于数据来源精度的限制，分辨率只能定位到 30 m，对更小地物的提取和河道的模拟都产生了一定的不确定性，如能采用更高分辨率的遥感影像、地形图以及水系的测绘资料，可进一步验证研究的结论。

3）本书主要着眼于土地利用对地表径流营养物浓度的影响，但是水体营养物从产生到输移至水质监测断面整个过程受到许多因素的影响，如降雨和土壤等信息，在未来的工作中需要进一步获取流域的降雨和土壤属性等空间分布信息，全面分析其对流域地表径流营养物浓度的影响。

参考文献

鲍全盛，王华东．1996. 我国水环境非点源污染研究与展望．地理科学，16（1）：66-71.

蔡明，李怀恩，庄咏涛，等．2004. 改进的输出系数法在流域非点源污染负荷估算中的应用．水利学报，（7）：40-45.

陈利顶，傅伯杰，张淑荣，等．2002. 异质景观中非点源污染动态变化比较研究．生态学报，22（6）：808-816.

陈利顶，傅伯杰，徐建英，等．2003. 基于"源-汇"生态过程的景观格局识别方法．生态学报，23（11）：2406-2413.

程红光，郝芳华，任希岩，等．2006. 不同降雨条件下非点源污染氮负荷入河系数研究．环境科学学报，26（3）：392-397.

杜桂森，刘晓瑞，刘霞，等．2004. 密云水库水体营养状态分析．水生生物学报，28（2）：191-196.

傅伯杰，马克明，周华峰，等．1998. 黄土丘陵区土地利用结构对土壤养分分布的影响．科学通报，43（22）：2444-2448.

傅伯杰．2013. 生态系统服务与生态安全．北京：高等教育出版社．

耿润哲，王晓燕，焦帅，等．2013. 密云水库流域非点源污染负荷估算及特征分析．环境科学学报，33（5）：1484-1492.

郝丽娟．2004. 密云水库流域降雨径流关系变化及影响因素分析．北京水利，3：41-43.

贺缠生，傅伯杰，陈利顶．1998. 非点源污染的管理及控制．环境科学，19（5）：87-91，96.

黄金良，洪华生，杜鹏飞，等．2005. AnnAGNPS模型在九龙江典型小流域的适用性检验．环境科学学报，（8）：1135-1142.

黄金良，杜鹏飞，何万谦，等．2007. 城市降雨径流模型的参数局部灵敏度分析．中国环境科学，27（4）：549-553.

焦剑，朱少波，杨扬，等．2013. 密云水库上游流域水体营养物质现状及来源分析．水土保持通报，33（4）：12-17.

李恒鹏，刘晓玫，黄文钰．2004. 太湖流域浙西区不同土地类型的面源污染产出．地理学报，59（3）：401-408.

李恒鹏，黄文钰，杨桂山，等．2006. 太湖地区蠡河流域不同用地类型面源污染特征．中国环境科学，26（2）：243-247.

李怀恩，庄咏涛 . 2004. 预测非点源营养负荷的输出系数法研究进展与应用 . 西安理工大学学报，19（4）：307-312.

李俊然，陈利顶，郭旭东，等 . 2000. 土地利用结构对非点源污染的影响 . 中国环境科学，20（6）：506-510.

李苗苗，吴炳方，颜长珍，等 . 2004. 密云水库上游植被覆盖度的遥感估算 . 资源科学，26（4）：153-159.

李文赞，李叙勇，王晓学 . 2013. 20 年来密云水库主要入库河流总氮变化趋势和影响因素 . 环境科学学报，33（11）：3047-3052.

李新荣，李顺江，杨金凤，等 . 2014. 密云水库上游河流入库段氮及磷的空间分布和评价 . 北方园艺，（8）：152-155.

李秀彬 . 1996. 全球环境变化研究的核心领域——土地利用/土地覆被变化的国际研究动向 . 地理学报，51（6）：553-558.

李秀珍，肖笃宁，胡远满，等 . 2001. 辽河三角洲湿地景观格局对养分去除功能影响的模拟 . 地理学报，56（1）：32-43.

李亚楠，薛新娟 . 2013. 密云水库上游流域营养盐现状分析 . 北京水务，4：21-24.

李兆富，杨桂山，李恒鹏 . 2007. 西笤溪流域不同土地利用类型营养盐输出系数估算 . 水土保持学报，21（1）：1-4.

梁涛，于兴修 . 2002. 西苕溪流域不同土地类型下氮元素输移过程 . 地理学报，57（4）：389-396.

梁涛，王浩，章申，等 . 2003. 西苕溪流域不同土地类型下磷素随暴雨径流的迁移特征 . 环境科学，24（2）：35-40.

梁涛，王红萍，张秀梅，等 . 2005. 官厅水库周边不同土地利用方式下氮磷非点源污染模拟研究 . 环境科学学报，25（4）：483-490.

刘芳，沈珍瑶，刘瑞民 . 2009. 基于“源–汇”生态过程的长江上游农业非点源污染 . 生态学报，29（6）：3271-3277.

刘宏斌，雷宝坤，张云贵，等 . 2001. 北京市顺义区地下水硝态氮污染的现状与评价 . 植物营养与肥料学报，7（4）：385.

刘文妍 . 2014. 纳入非点源污染负荷的水环境容量的研究 . 成都：西南交通大学硕士学位论文 .

龙天渝，梁常德，李继承，等 . 2008. 基于 SLURP 模型和输出系数法的三峡库区非点源氮磷负荷预测．环境科学学报，28（3）：574-581.

马蔚纯，陈立民，李建忠，等．2003. 水环境非点源污染数学模型研究进展．地球科学进展，18（3）：358-366.

宁吉才，刘高焕，刘庆生，等．2012. 水文响应单元空间离散化及 SWAT 模型改进．水科学进展，23（1）：14-20.

秦耀民，胥彦玲，李怀恩．2009. 基于 SWAT 模型的黑河流域不同土地利用情景的非点源污染研究．环境科学学报，29（2）：440-448.

沈中原，李占斌，李鹏，等．2009. 基于 DEM 的流域数字河网提取算法研究．水资源与水工程学报，20（1）：20-23.

苏保林，王建平，贾海峰，等．2006. 密云水库流域非点源模型系统．清华大学学报：自然科学版，46（3）：355-359.

孙庆艳，余新晓，胡淑萍，等．2008. 基于 ArcGIS 环境下 DEM 流域特征提取及应用．北京林业大学学报，30（2）：144-147.

索安宁，王天明，王辉，等．2007. 基于格局–过程理论的非点源污染实证研究：以黄土丘陵沟壑区水土流失为例．环境科学，27（12）：2415-2420.

唐艳凌，章光新．2009. 流域单元景观格局与农业非点源污染的关系．生态学杂志，28（4）：740-746.

王桂玲，王丽萍，罗阳．2004. 河北省面源污染分析．海河水利，4：29-30.

王国杰，廖善刚．2006. 土地利用强度变化的空间异质性研究．应用生态学报，17（4）：611-614.

王吉苹，曹文志，李大朋，等．2007. GLEAMS 模型在我国东南地区模拟硝氮淋失的检验．水土保持通报，27（2）：61-66.

王淑芳，王效科，张千千，等．2010. 密云水库上游流域不同林分土壤有机碳分布特征．生态环境学报，19（11）：2558-2562.

王晓燕，阎育梅，宁秀杰，等．2009a. 密云水库流域面源污染类型特征分析及防治建议．北京水务，(A02)：78-81.

王晓燕，张雅帆，欧洋，等．2009b. 最佳管理措施对非点源污染控制效果的预测——以北京密云区太师屯镇为例．环境科学学报，29（11）：2440-2450.

邢可霞，郭怀成，孙延枫，等．2004. 基于 HSPF 模型的滇池流域非点源污染模拟．中国环境科学，24（2）：229-232.

邢妍. 2011. 清河水系氨氮污染负荷与水质响应关系模拟研究. 沈阳：沈阳理工大学硕士学位论文.

阎伍玖，陈飞星. 1998. 巢湖流域不同土地利用类型地表径流污染特征研究. 长江流域资源与环境，7（3）：274-277.

杨金玲，张甘霖，张华，等. 2003. 丘陵地区流域土地利用对氮素径流输出的影响. 环境科学，24（1）：16-23.

应兰兰，侯西勇，路晓，等. 2009. 我国非点源污染研究中输出系数问题. 水资源与水工程学报，21（6）：90-95.

于兴修，杨桂山，梁涛. 2002. 西苕溪流域土地利用对氮素径流流失过程的影响. 农业环境保护，21（5）：424-427.

岳隽，王仰麟，李正国，等. 2006. 河流水质时空变化及其受土地利用影响的研究——以深圳市主要河流为例. 水科学进展，17（3）：359-364.

岳隽，王仰麟，李贵才，等. 2007. 不同尺度景观空间分异特征对水体质量的影响——以深圳市西丽水库流域为例. 生态学报，27（12）：5271-5281.

岳隽，王仰麟，李贵才，等. 2008. 深圳市西部库区景观格局与水质的关联特征. 应用生态学报，19（1）：203-207.

张建. 1995. CREAMS 模型在计算黄土坡地径流量及侵蚀量中的应用. 土壤侵蚀与水土保持学报，1（1）：54-57.

张景华，封志明，姜鲁光. 2011. 土地利用/土地覆被分类系统研究进展. 资源科学，33（6）：1195-1203.

张婷. 2008. 基于 DEM 的流域沟谷网络尺度特征及尺度分解. 南京：南京师范大学博士学位论文.

张云姣，张行南，夏达忠. 2009. 基于 DEM 的流域产汇流分区生成与拓扑构建方法研究. 中国科技论文在线.

赵刚，张天柱. 2002. 用 AGNPS 模型对农田侵蚀控制方案的模拟. 清华大学学报：自然科学版，42（5）：705-707.

郑少奎，张燕燕，杨志峰，等. 2006. 低温下表面流人工湿地中氨氮型富营养化水体净化研究. 环境科学，27（10）：2014-2018.

郑一，王学军. 2002. 非点源污染研究的进展与展望. 水科学进展，13（1）：105-110.

朱梅，吴敬学，张希三. 2010. 海河流域畜禽养殖污染负荷研究. 农业环境科学学报，29

(8): 1558-1565.

Ahearn D S, Sheibley R W, Dahlgren R A, et al. 2005. Land use and land cover influence on water quality in the last free- flowing river draining the western Sierra Nevada, California. Journal of Hydrology, 313 (3): 234-247.

Alberti M, Booth D, Hill K, et al. 2007. The impact of urban patterns on aquatic ecosystems: an empirical analysis in Puget lowland sub-basins. Landscape and Urban Planning, 80 (4): 345-361.

Almasri M N, Kaluarachchi J J. 2007. Modeling nitrate contamination of groundwater in agricultural watersheds. Journal of Hydrology, 343 (3): 211-229.

Anselin L. 1995. Local indicators of spatial association—LISA. Geographical Analysis, 27 (2): 93-115.

Arnold J G, Allen P M, Bernhardt G. 1993. A comprehensive surface-groundwater flow model. Journal of Hydrology, 142 (1-4): 47-69.

Baker A. 2003. Land use and water quality. Hydrological Processes, 17 (12): 2499-2501.

Baker M E, Weller D E, Jordan T E. 2006. Improved methods for quantifying potential nutrient interception by riparian buffers. Landscape Ecology, 21 (8): 1327-1345.

Beasley D B, Huggins L F, Monke E J. 1980. ANSWERS: A model for watershed planning. Transactions of the ASAE-American Society of Agricultural Engineers, 23 (4): 938-944.

Berka C, Schreier H, Hall K. 2001. Linking water quality with agricultural intensification in a rural watershed. Water, Air and Soil Pollution, 127: 389-401.

Bicknell B R, Imhoff J C, Kittle Jr J L, et al. 1996. Hydrological Simulation Program-FORTRAN. User's Manual for Release 11. US EPA.

Brabec E, Schulte S, Richards PL. 2002. Impervious surfaces and water quality: a review of current literature and its implications for watershed planning. Journal of Planning Literature, 16: 499-514.

Bren L J. 1998. The geometry of a constant buffer-loading design method for humid watersheds. Forest Ecology and Management, 110 (1): 113-125.

Brett M T, Arhonditsis G B, Mueller S E, et al. 2005. Non-point-source impacts on stream nutrient concentrations along a forest to urban gradient. Environmental Management, 35 (3): 330-342.

Broussard W, Turner R E. 2009. A century of changing land-use and water-quality relationships in the continental US. Frontiers in Ecology and the Environment, 7 (6): 302-307.

Carey R O, Migliaccio K W, Li Y, et al. 2011. Land use disturbance indicators and water quality variability in the Biscayne Bay Watershed, Florida. Ecological Indicators, 11 (5): 1093-1104.

Carey RO, Migliaccio KW, Li Y, et al. 2011. Land use disturbance indicators and water quality variability in the Biscayne Bay Watershed, Florida. Ecological Indicators, 11: 1093-1104.

Carpenter S R, Caraco N F, Correll D L, et al. 1998. Nonpoint pollution of surface waters with phosphorus and nitrogen. Ecological Applications, 8 (3): 559-568.

Castillo M M, Allan J D, Brunzell S. 2000. Nutrient concentrations and discharges in a Midwestern agricultural catchment. Journal of Environmental Quality, 29 (4): 1142-1151.

Center H E. 1977. Storage, Treatment, Overflow, Runoff Model, STORM, User's Manual. Generalized Computer Program723-S8-L7520, Corps of Engineers, Davis, CA.

Chapra S C, Pelletier G J. 2003. QUAL2K: A modeling framework for simulating river and stream water quality: Documentation and users manual. Civil and Environmental Engineering Dept., Tufts University, Medford, MA.

Chen L, Tian H, Fu B, et al. 2009. Development of a new index for integrating landscape patterns with ecological processes at watershed scale. Chinese Geographical Science, 19 (1): 37-45.

Chung S, Ward A, Schalk C. 1992. Evaluation of the hydrologic component of the ADAPT water table management model. Transactions of the ASAE, 35: 571-579.

Congalton R G, Green K. 2009. Assessing the Accuracy of Remotely Sensed Data: Principles and Practices. Boca Raton: CRC Press.

Cowles TR, McNeil BE, Eshleman KN, et al. 2014. Does the spatial arrangement of disturbance within forested watersheds affect loadings of nitrogen to stream waters? A test using Landsat and synoptic stream water data. International Journal of Applied Earth Observation and Geoinformation, 26: 80-87.

Detenbeck N E, Johnston C A, Niemi G J. 1993. Wetland effects on lake water quality in the Minneapolis/St. Paul metropolitan area. Landscape Ecology, 8 (1): 39-61.

Di Luzio M, Arnold J G. 2004. Formulation of a hybrid calibration approach for a physically based distributed model with NEXRAD data input. Journal of Hydrology, 298 (1): 136-154.

Dillon P, Kirchner W. 1975. The effects of geology and land use on the export of phosphorus from watersheds. Water Research, 9: 135-148.

Dow C L, Arscott D B, Newbold J D. 2006. Relating major ions and nutrients to watershed conditions across a mixed-use, water-supply watershed. Journal of the North American Benthological Society,

25 (4): 887-911.

Endreny T A, Wood E F. 2003. Watershed weighting of export coefficients to map critical phosphorous loading Area S1. JAWRA Journal of the American Water Resources Association, 39 (1): 165-181.

Erb K H. 2012. How a socio-ecological metabolism approach can help to advance our understanding of changes in land-use intensity. Ecological Economics, 76: 8-14.

Fairfield J, Leymarie P. 1991. Drainage networks from grid digital elevation models. Water Resources Research, 27 (5): 709-717.

Fisher T R, Hagy Iii J D, Boynton W R, et al. 2006. Cultural eutrophication in the Choptank and Patuxent estuaries of Chesapeake Bay. Limnology and Oceanography, 51 (2): 435-447.

Frey J W. 2001. Occurrence, distribution, and loads of selected pesticides in streams in the Lake Erie-Lake St. Clair Basin, 1996-98. US Department of the Interior, US Geological Survey.

Frink C R. 1991. Estimating nutrient exports to estuaries. Journal of Environmental Quality, 20 (4): 717-724.

Galloway J N, Aber J D, Erisman J W, et al. 2003. The nitrogen cascade. Bioscience, 53 (4): 341-356.

Gassman P W, Reyes M R, Green C H, et al. 2007. The Soil and Water Assessment Tool: Historical development, applications, and future research directions. Transactions of the Asabe, 50 (4): 1211-1250.

Gburek W J, Folmar G J. 1999. Flow and chemical contributions to streamflow in an upland watershed: a baseflow survey. Journal of Hydrology, 217 (1): 1-18.

Gburek W J, Pionke H B. 1995. Management strategies for land-based disposal of animal wastes: hydrologic implications. Animal Waste and the Land Water Interface. K. Steele. Boca Raton: Lewis Publishers.

Gergel S E. 2005. Spatial and non-spatial factors: When do they affect landscape indicators of watershed loading? Landscape Ecology, 20: 177-189.

Goetz S, Fiske G. 2008. Linking the diversity and abundance of stream biota to landscapes in the mid-Atlantic USA. Remote Sensing of Environment, 112 (11): 4075-4085.

Grunwald S, Norton L. 2000. Calibration and validation of a non-point source pollution model. Agricultural Water Management, 45 (1): 17-39.

Guo Q H, Ma K M, Yang L, et al. 2010. Testing a dynamic complex hypothesis in the analysis of land use impact on lake water quality. Water Resources Management, 24 (7): 1313-1332.

Haith D A. 1976. Land use and water quality in New York rivers. Journal of the Environmental Engineering Division, 102 (1): 1-15.

Harding J, Young R G, Hayes J, et al. 1999. Changes in agricultural intensity and river health along a river continuum. Freshwater Biology, 42: 345-357.

Haregeweyn N, Yohannes F. 2003. Testing and evaluation of the agricultural non-point source pollution model (AGNPS) on Augucho catchment, western Hararghe, Ethiopia. Agriculture, Ecosystems & Environment, 99 (1-3): 201-212.

Hong B, Limburg K E, Erickson J D, et al. 2009. Connecting the ecological-economic dots in human-dominated watersheds: Models to link socio-economic activities on the landscape to stream ecosystem health. Landscape and Urban Planning, 91 (2): 78-87.

Hooda P S, Edwards A C, Anderson H A, et al. 2000. A review of water quality concerns in livestock farming areas. Science of the Total Environment, 250 (1): 143-167.

Iital A, Pachel K, Loigu E, et al. 2010. Recent trends in nutrient concentrations in Estonian rivers as a response to large-scale changes in land-use intensity and life-styles. Journal of Environmental Monitoring, 12: 178-188.

Ingram J J, Woolhiser D A. 1980. Chemical transfer into overland flow. Symposium on Watershed Management, ASCE.

Jarvie H, Withers P, Bowes M, et al. 2010. Streamwater phosphorus and nitrogen across a gradient in rural-agricultural land use intensity. Agriculture, Ecosystems & Environment, 135: 238-252.

Jiang M Z, Chen H Y, Chen Q H. 2013. A method to analyze "source-sink" structure of non-point source pollution based on remote sensing technology. Environmental Pollution, 182: 135-140.

Johnes P J. 1996. Evaluation and management of the impact of land use change on the nitrogen and phosphorus load delivered to surface waters: the export coefficient modelling approach. Journal of Hydrology, 183 (3): 323-349.

Johnson L, Richards C, HOST G, et al. 1997. Landscape influences on water chemistry in Midwestern stream ecosystems. Freshwater Biology, 37 (1): 193-208.

Johnson T E, McNair J N, Srivastava P, et al. 2007. Stream ecosystem responses to spatially variable land cover: an empirically based model for developing riparian restoration strategies. Freshwater

Biology, 52 (4): 680-695.

Jones E, Helfman G S, Harper J O, et al. 2001. Effects of riparian forest removal on fish assemblages in southern Appalachian streams. Conservation Biology, 13 (6): 1454-1465.

Jordan T E, Correll D L, Weller D E. 1997. Effects of agriculture on discharges of nutrients from coastal plain watersheds of Chesapeake Bay. Journal of Environmental Quality, 26 (3): 836-848.

Khadam I M, Kaluarachchi J J. 2006. Water quality modeling under hydrologic variability and parameter uncertainty using erosion- scaled export coefficients. Journal of Hydrology, 330 (1): 354-367.

King R S, Baker M E, Whigham D F, et al. 2005. Spatial considerations for linking watershed land cover to ecological indicators in streams. Ecological Applications, 15 (1): 137-153.

Knisel W G. 1980. CREAMS: A field-scale model for chemicals, runoff and erosion from agricultural management systems. USDA Conservation Research Report, (26) .

Krysanova V, Müller- Wohlfeil D I, Becker A. 1998. Development and test of a spatially distributed hydrological/water quality model for mesoscale watersheds. Ecological Modelling, 106 (2): 261-289.

Lahlou M, Shoemaker L, Choudhury S, et al. 1998. Better assessment science integrating point and nonpoint sources (BASINS), version 2.0. Users manual, Tetra Tech, Inc., Fairfax, VA (United States); EarthInfo, Inc., Boulder, CO (United States); Environmental Protection Agency, Standards and Applied Science Div., Washington, D C.

Lambin E F, Baulies X, Bockstael N, et al. 1999. Land- use and land- cover change (LUCC): implementation strategy. IGBP Report No. 48 and IHDP Report No. 10.

Lee JG, Heaney JP. 2003. Estimation of urban imperviousness and its impacts on storm water systems. Journal of Water Resources Planning and Management, 129: 419-426.

Lee M S, Park G, Park M J, et al. 2010. Evaluation of non- point source pollution reduction by applying Best Management Practices using a SWAT model and QuickBird high resolution satellite imagery. Journal of Environmental Sciences, 22 (6): 826-833.

Lee S W, Hwang S J, Lee S B. et al. 2009. Landscape ecological approach to the relationships of land use patterns in watersheds to water quality characteristics. Landscape and Urban Planning, 92 (2): 80-89.

Lenhart T, Eckhardt K, Fohrer N. et al. 2002. Comparison of two different approaches of sensitivity analysis. Physics and Chemistry of the Earth, Parts A/B/C. 27 (9): 645-654.

Leonard R, Knisei W, Still D. 1987. GLEAMS: Groundwater Loading Effects of Agricultural Management Systems. Transcations of the American Society of Agricultural Engineers, 30 (5): 1403-1418.

Leone A, Ripa M, Boccia L. 2008. Phosphorus export from agricultural land: a simple approach. Biosystems Engineering, 101 (2): 270-280.

Lewis D B, Grimm N B, Harms T K. et al. 2007. Subsystems, flowpaths, and the spatial variability of nitrogen in a fluvial ecosystem. Landscape Ecology, 22 (6): 911-924.

Liu A, Goonetilleke A, Egodawatta P. 2012. Inadequacy of land use and impervious area fraction for determining urban stormwater quality. Water Resources Management, 26: 2259-2265.

Liu C W, Lin K H, Kuo Y M. 2003. Application of factor analysis in the assessment of groundwater quality in a blackfoot disease area in Taiwan. Science of the Total Environment, 313 (1): 77-89.

Liu Q Q, Singh V P. 2004. Effect of microtopography, slope length and gradient, and vegetative cover on overland flow through simulation. Journal of Hydrologic Engineering, 9 (5): 375-382.

Mander Ü, Kull A, Kuusemets V, et al. 2000. Nutrient runoff dynamics in a rural catchment: influence of land-use changes, climatic fluctuations and ecotechnological measures. Ecological Engineering, 14 (4): 405-417.

Mander Ü, Kull A, Kuusemets V. 2000. Nutrient flows and land use change in a rural catchment: a modelling approach. Landscape Ecology, 15: 187-199.

McGuckin S, Jordan C, Smith R. 1999. Deriving phosphorus export coefficients for CORINE land cover types. Water Science and Technology, 39 (12): 47-53.

Moltz H L N, Rast W, Lopes V L. et al. 2011. Use of spatial surrogates to assess the potential for non-point source pollution in large watersheds. Lakes & Reservoirs: Research & Management, 16 (1): 3-13.

Moran P A. 1948. The interpretation of statistical maps. Journal of the Royal Statistical Society. Series B (Methodological), 10 (2): 243-251.

Motavalli P P, Goyne K W, Udawatta R P. 2008. Environmental impacts of enhanced- efficiency nitrogen fertilizers. Crop Management, 7 (1) .

Nielsen A, Trolle D, Sϕndergaard M, et al. 2012. Watershed land use effects on lake water quality in Denmark. Ecological Applications, 22 (4): 1187-1200.

O'Callaghan J F, Mark D M. 1984. The extraction of drainage networks from digital elevation data. Computer Vision, Graphics, and Image Processing, 28 (3): 323-344.

O'Neill R V, Hunsaker C T, Jones K B, et al. 1997. Monitoring environmental quality at the landscape scale. BioScience, 47 (8): 513-519.

Oelsner G P, Brooks P D, Hogan J F. 2007. Nitrogen sources and sinks within the middle Rio Grande, New Mexico. JAWRA Journal of the American Water Resources Association, 43 (4): 850-863.

Ojima DS, Moran EF, McConnell W. et al. 2005. Global Land Project: Science Plan and Implementation Strategy. Stockholm: IGBP Secretariat.

Omernik J M, McDowell T R. 1979. Nonpoint source—stream nutrient level relationships: a nationwide study. Corvallis Environmental Research Laboratory, Office of Research and Development, US Environmental Protection Agency.

Ongley E D, Xiaolan Z, Tao Y. 2010. Current status of agricultural and rural non- point source pollution assessment in China. Environmental Pollution, 158 (5): 1159-1168.

Oni SK, Futter MN, Molot LA, et al. 2014. Adjacent catchments with similar patterns of land use and climate have markedly different dissolved organic carbon concentration and runoff dynamics. Hydrological Processes, 28: 1436-1449.

Palmer-Felgate EJ, Jarvie HP, Withers PJ, et al. 2009. Stream-bed phosphorus in paired catchments with different agricultural land use intensity. Agriculture, Ecosystems & Environment, 134: 53-66.

Park J H, Duan L, Kim B, et al. 2010. Potential effects of climate change and variability on watershed biogeochemical processes and water quality in Northeast Asia. Environment International, 36 (2): 212-225.

Park S R, Lee H J, Lee S W, et al. 2011. Relationships between land use and multi- dimensional characteristics of streams and rivers at two different scales. Ann. Limnol. - Int. J. Limnol, 47 (S1): S107-S116.

Paul M J, Meyer J L. 2001. Streams in the urban landscape. Annual Review of Ecology and Systematics, 32: 333-365.

Pearce R A, Trlica M J, Leininger W C, et al. 1997. Efficiency of grass buffer strips and vegetation height on sediment filtration in laboratory rainfall simulations. Journal of Environmental Quality, 26 (1): 139-144.

Pease L M, Oduor P, Padmanabhan G. 2010. Estimating sediment, nitrogen, and phosphorous loads from the Pipestem Creek watershed, North Dakota, using AnnAGNPS. Computers & Geosciences, 36 (3): 282-291.

Pekey H, Karakaş D, Bakoglu M. 2004. Source apportionment of trace metals in surface waters of a polluted stream using multivariate statistical analyses. Marine Pollution Bulletin, 49 (9): 809-818.

Peterjohn W T, Correll D L. 1984. Nutrient dynamics in an agricultural watershed: observations on the role of a riparian forest. Ecology, 65 (5): 1466-1475.

Peterson E E, Sheldon F, Darnell R, et al. 2011. A comparison of spatially explicit landscape representation methods and their relationship to stream condition. Freshwater Biology, 56 (3): 590-610.

Piechnik D A, Goslee S C, Veith T L, et al. 2012. Topographic placement of management practices in riparian zones to reduce water quality impacts from pastures. Landscape Ecology, 27 (9): 1307-1319.

Pike R G, Spittlehouse D L, Bennett K E, et al. 2008. Climate change and watershed hydrology: Part I- Recent and projected changes in British Columbia. Streamline Watershed Management Bulletin, 11 (2): 1-8.

Polyakov V, Fares A, Kubo D, et al. 2007. Evaluation of a non- point source pollution model, AnnAGNPS, in a tropical watershed. Environmental Modelling & Software, 22 (11): 1617-1627.

Postel S L, Thompson B H. 2005. Watershed protection: Capturing the benefits of nature's water supply services. Natural Resources Forum, 29 (2): 98-108.

Qi H, Altinakar M S. 2011. Vegetation buffer Strips design using an optimization approach for non-point source pollutant control of an agricultural watershed. Water Resources Management, 25 (2): 565-578.

Reckhow K H, Beaulac M N, Simpson J T. 1980. Modeling phosphorus loading and lake response under uncertainty: A manual and compilation of export coefficients.

Reynolds J F, Wu J. 1999. Do landscape structural and functional units exist. //Tenhume JD, Kabat P, Integrating Hydrology, Ecosystem Dynamics, and Biogeochemistry in Complex Landscapes. Chichester Wiley: 273-296.

Ritter W F, Shirmohammadi A. 2010. Agricultural Nonpoint Source Pollution: Watershed Management and Hydrology. Boca Raton: CRC Press.

Riva- Murray K, Bode R W, Phillips P J, et al. 2002. Impact source determination with biomonitoringdata in New York State: concordance with environmental data. Northeastern Naturalist, 9 (2): 127-162.

Roberts A D, Prince S D. 2010. Effects of urban and non-urban land cover on nitrogen and phosphorus runoff to Chesapeake Bay. Ecological Indicators, 10 (2): 459-474.

Romanowicz A, Vanclooster M, Rounsevell M, et al. 2005. Sensitivity of the SWAT model to the soil and land use data parametrisation: a case study in the Thyle catchment, Belgium. Ecological Modelling, 187 (1): 27-39.

Rossman L A. 2010. Storm water management model user's manual, version 5. 0. National Risk Management Research Laboratory, Office of Research and Development, US Environmental Protection Agency.

Schilling K E, Libra R D. 2000. The relationship of nitrate concentrations in streams to row crop land use in Iowa. Journal of Environmental Quality, 29 (6): 1846-1851.

Sims J T, Simard R R, Joern B C. 1998. Phosphorus loss in agricultural drainage: Historical perspective and current research. Journal of Environmental Quality, 27 (2): 277-293.

Sliva L, Williams D. 2001. Buffer zone versus whole catchment approaches to studying land use impact on river water quality. Water Research, 35 (14): 3462-3472.

Smith AP, Western AW, Hannah MC. 2013. Linking water quality trends with land use intensification in dairy farming catchments. Journal of Hydrology, 476: 1-12.

Smol J P. 2008. Pollution of Lakes and Rivers: a Paleoenvironmental Perspective. Oxford: Blackwell Publishing.

Soranno P A, Hubler S L, Carpenter S R, et al. 1996. Phosphorus loads to surface waters: a simple model to account for spatial pattern of land use. Ecological Applications, 6 (3): 865-878.

Srinivasan R, Engel B. A. 1994. A spatial decision support system for assessing agricultural nonpoint source pollution 1. JAWRA Journal of the American West Resouras Association, 30 (3): 441-452.

Storey R G, Cowley D R. 1997. Recovery of three New Zealand rural streams as they pass through native forest remnants. Hydrobiologia, 353 (1): 63-76.

Sweeney B W, Newbold J D. 2014. Streamside forest buffer width needed to protect stream water quality, habitat, and organisms: a literature review. JAWRA Journal of the American Water Resources Association, 50 (3): 560-584.

Tong S T Y, Chen W L. 2002. Modeling the relationship between land use and surface water quality. Journal of Environmental Management, 66 (4): 377-393.

Tran C P, Bode R W, Smith A J, et al. 2010. Land- use proximity as a basis for assessing stream water quality in New York State (USA). Ecological Indicators, 10 (3): 727-733.

Tu J. 2009. Combined impact of climate and land use changes on streamflow and water quality in eastern Massachusetts, USA. Journal of Hydrology, 379 (3): 268-283.

Turner II B L. 1991. Thoughts on linking the physical and human sciences in the study of global environmental change. Research and Exploration, 7 (2): 133-135.

Turner II B L. 1994. Local faces, global flows: The role of land use and land cover in global environmental change. Land Degradation and Development, 5 (2): 71-78.

Udawatta R P, Garrett H E, Kallenbach R. 2011. Agroforestry buffers for nonpoint source pollution reductions from agricultural watersheds. Journal of Environmental Quality, 40 (3): 800-806.

USEPA. 2009. National Water Quality Inventory: Report to Congress 2004 Reporting Cycle. Washington D C: United States Environmental Protection Agency Office of Water.

Uttormark P D, Chapin J D, Green K M. 1974. Estimating nutrient loadings of lakes from non-point sources. Wisconsin Univ., Madison (USA). Water Resources Center.

Uuemaa E, Roosaare J, Mander Ü. 2005. Scale dependence of landscape metrics and their indicatory value for nutrient and organic matter losses from catchments. Ecological Indicators, 5 (4): 350-369.

Van Sickle J, Johnson C B. 2008. Parametric distance weighting of landscape influence on streams. Landscape Ecology, 23 (4): 427-438.

Verburg P H, Soepboer W, Veldkamp A, et al. 2002. Modeling the spatial dynamics of regional land use: the CLUE-S model. Environmental Management, 30 (3): 391-405.

Vitousek P M, Mooney H A, Lubchenco J, et al. 1997. Human domination of Earth's ecosystems. Science, 277 (5325): 494-499.

Vogt E, Braban C F, Dragosits U, et al. 2015. Catchment land use effects on fluxes and concentrations of organic and inorganic nitrogen in streams. Agriculture, Ecosystems & Environment, 199: 320-332.

Walsh C J, Webb J A. 2014. Spatial weighting of land use and temporal weighting of antecedent discharge improves prediction of stream condition. Landscape Ecology, 29 (7): 1171-1185.

Wang X, Hao F, Cheng H, 2011. Estimating non-point source pollutant loads for the large-scale basin of the Yangtze River in China. Environmental Earth Sciences, 63 (5): 1079-1092.

Weller D E, Baker M E, Jordan T E. 2011. Effects of riparian buffers on nitrate concentrations in watershed discharges: new models and management implications. Ecological Applications, 21 (5): 1679-1695.

Weller DE, Baker ME. 2014. Cropland riparian buffers throughout Chesapeake Bay watershed: spatial patterns and effects on nitrate loads delivered to streams. Journal of the American Water Resources Association, 50: 696-712.

White M D, Greer K A. 2006. The effects of watershed urbanization on the stream hydrology and riparian vegetation of Los Penasquitos Creek, California. Landscape and Urban Planning, 74 (2): 125-138.

White P S, Pickett S T A. 1985. Natural disturbance and patch dynamics: an introduction. The Ecology of Natural Disturbance and Patch Dynamics. New York: Academic Press.

Whittemore R C. 1998. The BASINS model. Water Environment & Technology, 10 (12): 57-61.

Williams J R. 1989. The EPIC crop growth model. Transactions of the ASAE, 32 (2): 497-511.

Woodcock T, Mihuc T, Romanowicz E, et al. 2004. Land-use effects on catchment- and patch-scale habitat and macroinvertebrate responses in the Adirondack uplands. Landscape Influences on Stream Habitats and Biological Assemblages, 48: 395-411.

Worrall F, Burt T. 1999. The impact of land-use change on water quality at the catchment scale: the use of export coefficient and structural models. Journal of Hydrology, 221 (1): 75-90.

Xevi E, Christiaens K, Espino A, et al. 1997. Calibration, validation and sensitivity analysis of the MIKE-SHE model using the Neuenkirchen catchment as case study. Water Resources Management, 11 (3): 219-242.

Xiao H, Ji W. 2007. Relating landscape characteristics to non-point source pollution in mine waste-located watersheds using geospatial techniques. Journal of Environmental Management, 82 (1): 111-119.

Yang S, Dong G, Zheng D, et al. 2011. Coupling Xinanjiang model and SWAT to simulate agricultural non-point source pollution in Songtao watershed of Hainan, China. Ecological

Modelling, 222 (20): 3701-3717.

Yates A G, Brua R B, Corriveau J, et al. 2014. Seasonally driven variation in spatial relationships between agricultural land use and in-stream nutrient concentrations. River Research and Applications, 30 (4): 476-493.

Yin Z Y, Walcott S, Kaplan B, et al. 2005. An analysis of the relationship between spatial patterns of water quality and urban development in Shanghai, China. Computers, Environment and Urban Systems, 29: 197-221.

Young R A, Onstad C, Bosch D, et al. 1989. AGNPS: A nonpoint-source pollution model for evaluating agricultural watersheds. Journal of Soil and Water Conservation, 44 (2): 168-173.

Zhang P, Liu Y, Pan Y, et al. 2011. Land use pattern optimization based on CLUE-S and SWAT model for agricultural non-point source pollution control. Mathematical and Computer Modelling, 58 (3-4): 588-595.

Zhang T. 2010. Spatially explicit model for estimating annual average loads of nonpoint source nutrient at the watershed scale. Environmental Model Assessment, 15: 569-581.

Zobrist J, Reichert P. 2006. Bayesian estimation of export coefficients from diffuse and point sources in Swiss watersheds. Journal of Hydrology, 329 (1): 207-223.